室内设计师.**46**
INTERIOR DESIGNER

编委会主任　崔恺
编委会副主任　胡永旭

学术顾问　周家斌

编委会委员　
王明贤　王琼　王澍　叶铮　吕品晶　刘家琨　吴长福
余平　沈立东　沈雷　汤桦　张雷　孟建民　陈耀光　郑曙旸
姜峰　赵毓玲　钱强　高超一　崔华峰　登琨艳　谢江

支持单位　
上海天恒装饰设计工程有限公司　北京八番竹照明设计有限公司
上海泓叶室内设计咨询有限公司　内建筑设计事务所
杭州典尚建筑装饰设计有限公司

海外编委　
方海　方振宁　陆宇星　周静敏　黄晓江

主编　徐纺
艺术顾问　陈飞波

责任编辑　徐纺　徐明怡　李威　王瑞冰
美术编辑　卢玲

图书在版编目(CIP)数据

室内设计师. 46，设计师的办公空间 / 《室内设计师》编委会
编 .—北京 : 中国建筑工业出版社，2014.3
　ISBN 978-7-112-16524-7

　Ⅰ. ①室… Ⅱ. ①室… Ⅲ. ①室内装饰设计 – 丛刊②
办公室—室内装饰设计 Ⅳ. ① TU238-55 ② TU243

中国版本图书馆 CIP 数据核字 (2014) 第 042111 号

室内设计师　46
设计师的办公空间
《室内设计师》编委会　编
电子邮箱 : ider2006@qq.com
网　　址 : http://www.idzoom.com

中国建筑工业出版社出版、发行 (北京西郊百万庄)
各地新华书店、建筑书店 经销
上海雅昌彩色印刷有限公司 制版、印刷

开本 : 965 × 1270 毫米　1/16　印张 : 11½　字数 : 460 千字
2014 年 3 月第一版　2014 年 3 月第一次印刷
定价 : 40.00 元
ISBN978 - 7 - 112 - 16524-7
　　　(25383)
版权所有　翻印必究
如有印装质量问题，可寄本社退换
(邮政编码 100037)

目录

CONTENTS

VOL. 46

设计隐士

撰文 | 王受之

因为工作，我经常旅行，去得相对少的是澳大利亚和非洲。非洲是没有什么设计业务，也没有什么设计学院，而澳大利亚则是和美国基本同属于一个类型：同样的殖民历史，同样的英国移民，同样的语言，同样的干旱气候条件，建筑、设计同质化也高，没有什么事需要找那边的设计事务所的。

前几年我参与一个武汉的大型住宅区设计顾问工作，规划设计事务所在澳大利亚的黄金海岸，因为需要讨论方案，要我出席，只有从美国西海岸的洛杉矶飞到澳大利亚东海岸的布里斯班，再乘车去黄金海岸，跨越半个地球，也是非常远的一次航程。

我曾经在一篇文章中说：因为长期住在加利福尼亚，而加州的气候和澳洲的东海岸很相似，所以虽然飞了半个地球，到达之后感觉好像没有离开加州，碧海蓝天，棕榈摇曳，因而倒没有什么特别的感觉，反而是布里斯班的旧工业城市的改造给我很多启发。

澳大利亚是一个面积很大的国家，但是中间很大一部分基本是荒漠。布里斯班是澳大利亚东海岸人口最多的城市，也是昆士兰州的州府，城区人口 200 万，在中国只能勉强算个中等城市，在澳大利亚就是很大的了。布

里斯班的老城，也就是他们叫做"商业中心"（the central business district）的老区，是早期欧洲移民建立的，靠着布里斯班河，面积大概是 23km²。我那一年同时还在海南岛的文昌帮助国内开发商鲁能集团设计铜鼓岭项目，与正在兴建的国家新宇航发射中心隔海相望，项目的面积是 48km²。我跟澳大利亚那个建筑事务所开玩笑说，我正在做的另外一个项目比他们布里斯班老城还要大，其实说的是实话。

澳大利亚和美国一样，是移民国家，不过美国移民时间早，并且移民的构成复杂，而澳大利亚移民比较晚，移民的构成也简单得多。除了近年中国大陆涌入一批"高富贵"的新移民之外，整个澳大利亚移民的背景基本就是英格兰、苏格兰、爱尔兰的后代，并且大多数是早年刑徒的子嗣，年代久远，他们发展出一种特殊的澳大利亚英语，口音很重，一听便知道是澳洲人。

我去黄金海岸讨论项目的时候，澳大利亚方面有一位热心的建筑师负责陪我，经常是开会之后，去黄金海岸和布里斯班看项目，也去拜访一些建筑设计事务所。布里斯班的城市中间有一条布里斯班河蜿蜒穿越，中央商务区就顺着布里斯班河弯曲形成，因而没有世界上其

Simpson Lee 住宅

Fredericks 住宅

Arthur & Yvonne Boyd 文教中心

他大城市商务中心那种刻板的感觉，可以步行穿越。街道的名称都是英国皇室成员的头衔，比如皇后大道（Queen Street），是这里的主要大街，而和这条街并行的街道全是皇室女性成员的名字，如阿德莱德街（Adelaide）、爱丽丝街（Alice）、安妮街（Ann）、夏洛特街（Charlotte）、伊丽莎白街（Elizabeth）、玛格丽特街（Margaret）、玛丽街（Mary）。比较宽敞的中心叫做皇后中心（Queen Street Mall，是纪念维多利亚女皇的。垂直于皇后大道的街道，则都是用英国皇室男性成员名字，比如阿尔伯特街（Albert）、爱德华街（Edward）、乔治街（George）、威廉街（William）等等。布里斯班老城里面还有一些早期殖民时代的建筑，最早的可以上溯到 1820 年代，比如维克汉姆公园（Wickham Park）中的老磨坊（the Old Windmill）。

澳大利亚的建筑，总的来说可以以平庸来形容，没有什么特别差的，也没有什么特别好的，都可以，但是出色的极少见。在我想主要是经济发展的长期缓慢、稳定，文化、政治、意识形态上也缺乏欧美经历过的冲击的原因，缺乏重要的设计师、设计集团领导探索恐怕也是一个原因。这样说倒不是说澳大利亚全部建筑都是平庸的，仅仅是从总体比例来看。偶然也有一些很有意思的项目，比如我在布里斯班看了南岸公园区（The South Bank Parklands），这是布里斯班改造的一个重要的标志项目，和中央商务区隔河相望，因为多年的工业开发，河水浑浊。在河水改造得完全清澈之前，他们利用 1988 年的世博会作为契机，先改造了这个原本很衰败的工业区，把这个区打造成为很干净的娱乐休闲中心，补充了城市核心部分的不足；之后继续改造，到 1992 年 6 月完全对公众开放。南岸公园正在中央商务区对面，河水清澈，景色很好，通过北面的维多利亚桥（the Victoria Bridge）和南面的古德维尔桥（the Goodwill Bridge），可以走进市中心。

南岸公园区已经形成一个文化、娱乐中心区了，这里有很不错的昆士兰博物馆（Queensland Museum），昆士兰艺术馆（Queensland Art Gallery）收藏的主要是澳大利亚艺术家的作品，比如我们不太熟悉的澳

大利亚画家悉尼·诺兰爵士（Sir Sidney Nolan）和查尔斯·布莱克曼（Charles Blackman）等，颇有特色。这里的昆士兰表演艺术中心（Queensland Performing Arts Centre）定期上演芭蕾舞、管弦乐、歌剧等丰富多彩的文艺演出。整个区有种休闲的感觉，是不错的设计。

我在澳大利亚的时候，和一些建筑师聊天，谈到这个平均水平比较平庸的想法，他们也都认同，但是也告诉我，有一些特立独行的建筑师，游离澳大利亚主流设计圈之外，自己做一些很有个性的设计，倒是可以看看和研究一下。他们陪我去了布里斯班老城的一个建筑书店，指着一排书架说，那里面介绍的建筑师中不少是这种隐士型的人物。我在那个书店里呆了好几个钟头，对澳大利亚设计的这一面有了新的看法。

中午吃饭的时候，几位本地建筑师建议我去一个非常老的英国酒吧去吃三明治和喝啤酒，我当然高兴。酒吧位于加冕路（Coronation Drive）和希尔瓦路（Sylvan Road）交叉的利加塔酒店（the Regatta Hotel）底层，正对着布里斯班河，大概起码有上百年历史了。酒店内部保持了殖民时期的风格，很有英国范，常有不少文化人、设计师来这里喝酒聊天。我的脑子里还在想着刚刚在书店里看到的澳大利亚本土隐士建筑师的设计，在酒吧桌子上翻看刚买的几本他们的作品集。一位从马来西亚移民到澳大利亚的建筑师看见我正在看一个"隐士"的作品，告诉我说："他就在你隔壁的桌子上吃饭啊！要认识一下吗？"我侧头看看，见一位中等身材、温文尔雅的绅士，稍有秃顶，戴一副很细金属框的眼镜，在那里坐着和几个朋友聊天，就是我面前这本书介绍的建筑师——格林·穆卡特（Glenn Marcus Murcutt）。此前两年他获得了普利茨克建筑大奖，在澳大利亚建筑界是一个偶像人物。我这边的建筑师中有几位和他认识，甚至有曾经跟随他工作过的，大家对他都相当尊敬，于是我们就合桌子聊天，了解到不少澳大利亚独立建筑师的情况。

格林·穆卡特是一个英国人，1936 年出生于伦敦，人很客气，略有点矜持。青少年时代，穆卡特曾经在巴布亚新几内亚生活过，对那里原创的简练的本土建筑非常欣赏。在

The Pritzker Architecture Prize 2002

父亲的引导下，他认真研习了现代主义大师密斯·凡·德·罗的建筑作品和美国哲学家、作家亨利·戴维·梭罗的哲学著作，二者对他日后的设计理念和建筑风格的形成产生了深远的影响。1961 年他从新南威尔士大学建筑系毕业后，曾先后在奈威尔·格鲁兹曼（Neville Gruzman）等几位重要的澳大利亚建筑师的事务所工作过，前辈们对于建筑和自然关系的高度注重、对设计原创性的强调，深刻地影响了年轻的穆卡特。澳大利亚原住民的木棚住宅，也在日后的职业生涯中给了他许多启发。之后，他用了两年时间，考察了墨西哥城、洛杉矶、美国东海岸以及西欧的建筑。1964 年，他回到悉尼，于 1969 年成立了自己的设计事务所。2002 年，成为第一位荣获普利茨克建筑大奖的澳大利亚建筑师，并于 2009 年荣获美国建筑师协会金奖。虽然他的作品全部分布在澳大利亚，但其影响则远远地超越了国界，在国际建筑界享有崇高的声望。他是美国、英国、芬兰、加拿大、新加坡、苏格兰、中国台湾等多个国家和地区的建筑协会的荣誉会员，并受邀在耶鲁大学等多所国际知名的建筑学院担任客座教授，发表讲演，出版建筑评论著作。

我从心里喜欢他的建筑设计，因为他的建筑都有一种轻盈的感觉，与当代建筑多像地球表面上划出的伤疤相比，他的建筑好像一阵微风。我向他谈到这个感想，他笑笑说："我的座右铭就是'轻抚地球'（touch the earth lightly）"。他说在他所有的设计中，都力求与澳大利亚特有的地理环境、气候变化和自然景观相吻合，并最大限度地保护原生态。早在"可持续性"成为众人谈论的主题之前，他已经在身体力行地实践这一原则了。他的作品总是经济实用的、多功能的。他对于风向、水流、温度和光线的变化都非常敏感，在每一个项目的设计之前，他都要将周围的这些自然因素调查得清清楚楚，并在设计中作出适当的回应。正因为他在通风、避光等方面的精密思考，使得即便在澳大利亚炎热的气

候里，他设计的许多住宅甚至无需安装空调。他喜欢使用玻璃、石头、木料、水泥和波纹板——都是些容易生产、成本低廉的材料，他从来不使用那些昂贵的建筑材料。

我事后仔细看了穆卡特为一对原住民艺术家夫妇设计的 Marika-Alderton 住宅，应该可以视为他"轻抚地球"座右铭的一个非常好的例子。这栋住宅位于澳大利亚的北部领地，雨季里常会受到洪水的困扰，穆卡特就将整栋住宅置于钢铁支架上，既实用又具有漂浮的美感。住宅墙上不设窗户，而是将整个木质墙面设计成可以开合的百叶窗形式，白天可以将墙面四通八达地张开，便于空气对流，晚上则可以完全关闭起来。特别加长的屋檐也能帮助阻隔强烈的阳光。穆卡特还细心地设计了回收系统，将储集的雨水用来冲洗住宅里的卫生间。当然，他也没有忘记在屋顶上安装了太阳能板，利用当地丰富的日光资源为住宅提供所需的电源。他设计的类似的作品还有 Fredericks 住宅、Magney 住宅等私人住宅，以及 Arthur & Yvonne Boyd 文教中心、Moss Vale 教育中心等文教设施。

一个人做一件有意思的作品不难，但是要一辈子坚持自己的原则，不为尘世浮华所动，独自躲在澳大利亚偏远的西北部地区默默地设计这种如一阵清风似的简单、朴素的现代建筑却不容易。想想我们国内现在建筑师千千万万，大部分是希望做炫目的、庞大的建筑，能够有这种平常心的设计师，真是少而又少啊！

穆卡特一直保持"个体户"的工作模式，避免承接大型的项目，因为他希望凡事亲力亲为，力求将每一个细节都做到最完美。穆卡特将他对环境、对自然、对本地特征的敏感，与创意性的建筑技术结合起来，把每一个项目都当成一件真诚的、朴实无华的艺术品来设计。在今天众多明星建筑师以奇特的造型、奢华的材料、超高超大的体量占据每日新闻头版位置的喧嚣氛围中，他是一个尤为珍贵的"异数"。⊡

Done 住宅

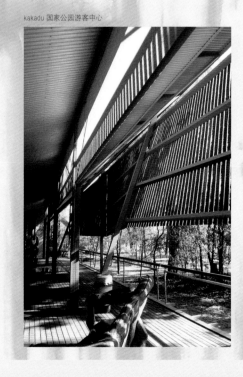

kakadu 国家公园游客中心

设计师的办公空间：
以设计为本

撰　文 ▎ 藤井树

　　设计师是一个非常特殊的群体，他们在各个细分领域提供造物前的计划和创意，审美、想象力、创造力以及设计理念的前瞻探索都必不可少，对于色调、材质、形态以至整体氛围，他们可能拥有类似艺术家的观察视角、个性喜好及把握能力，却无法被视为艺术家，而是同时被要求具有市场意识，他们是致力于将精神与物质、艺术与商业完美结合的人。

　　作为占用了设计师大量工作和生活时间的场所，设计师的以上特点也往往在其办公空间表露无遗——忠实满足设计师自我，设计感十足，以至传神，展现自身设计实力及理念或品牌形象的同时，商业意识、业务范畴及运营方针又在其中不露声色，如本期办公空间所展示出的——可持续概念与时尚相结合、古典与现代相结合、东方文化与西方设计手法相结合，以及"化腐朽为神奇"的能力等，都是基于对目标客户群需求的精准把握，以给其留下所期望或超期望的好印象。

　　在整体上个性化的同时，相较其他职业，作为创意产业的一员，设计师还需更多的开放与合作，不同人员，包括设计师、上下级、不同部门以及与客户之间如何更好地产生交集与互动，互相启发创意灵感，或如何更有利于 Team Work，同样成为设计师的办公空间的设计重点。

　　此次，我们甄选了来自不同国家和地区的设计师的办公空间，虽各有侧重，但皆以设计为本，希望我们的读者可得以借鉴。END

水木清华：
服装设计企业办公空间二则
STORY OF WATER AND WOOD,
2 OFFICES OF FASHION COMPANY

撰 文 | 李威

吕永中是我们杂志的老朋友，这位沉稳内敛的著名设计师在设计界多个领域都建树颇多，无论空间设计还是产品设计，其作品俱精工细作，在第一眼的惊艳之后，更能在岁月的流逝中沉淀出悠远情韵。此次我们选取同出其手的两家服装设计企业办公空间，其中竣工于 2010 年的吾壹工场在业内外广受好评，荣获 IIDA 国际室内设计学会颁发的 2011 年度"全球卓越设计大奖"及"小型办公空间类"金奖；而两年后的皋与高服装公司总部同样位于常熟，同为服装设计公司，其设计既可见源出一脉的江南文化底蕴，却又呈现出因不同空间性质、企业文化以及设计师的进一步积淀所带来的新意与差异。两者的比较富于趣味性，或可供广大设计师朋友们借鉴和探讨。

水·厢：吾壹工场
WATER CHAMBER, WUYI WORKSHOP

撰　文｜李耀
摄　影｜吴永长
地　点｜江苏省常熟市
面　积｜850m²
设　计｜吕永中设计事务所
主创设计｜吕永中
设计团队｜席佳、区润宇、袁纯
陈设设计｜吕永中
主要材料｜玻璃、木饰面、青石地坪
竣工时间｜2010年

　　江南水乡，令人为之着迷，为之向往，这是我们耳闻目染记忆在脑海中的一种意境：温柔、轻快、幽静、质朴、烟雾袅袅、白墙墨瓦、青砖古道、草木葱葱、凉亭画舟，碧水潺潺……在现代的办公空间中是否能够营造出如此的氛围，传递这样的意境？吾壹工场的办公总部给了我们一种新的空间体验与印象。

　　吾壹工场坐落于常熟，作为历史悠久、风景如画的江南鱼米之乡，沙家浜、尚湖、昆承湖的水滋润着常熟的水乡文化和底蕴。如今，紧邻苏州工业园区的常熟还是长三角地区最繁忙的服装制作、交易中心。吾壹工场作为一家服装与平面设计机构，将办公总部选在常熟服装商城大厦的顶层，既拥有了良好的视野，同时让设计工作更加贴合市场，以便把握流行的趋势，激励不断创新。然而市场的繁忙和喧嚣却与办公空间所需要的安静、有序的本质要求相悖，如何解决大环境和小空间的功能性矛盾？如何在闹市中寻找与水乡情境本源相贴切的路径，让地域文化特有的空间形式和材质发出自己的声音？这些问题都是设计工作有待解决的关键。

　　首先，设计师利用原建筑室内5m多的层高，将部分室内分隔成上下两层，使得二层空间拥有了独立而开敞的会议室和展示中心等，同时接待区域保持了原有的高度，从而让人在由楼梯通道步入办公室的一刻，就能清晰感受到室内外的转换与室内的气势。

　　步入接待大厅，映入眼帘的是右侧一面白墙镶嵌着长窗与左边顶天立地的木隔板，如同一幅展开的画卷。前面，一片木质案台（接待台）挑空悬置于大青石之上，与室内的青砖铺地相互映衬，顶部齐齐阵列的木格栅、案台左侧若隐若现的灯光和水——上下左右、前后远近各种空间界面的虚实转换，让人多了几分好奇；淡雅的色彩和熟悉的材质，顶面的木格栅好似瓦屋的脊梁，同一屋檐下的大家庭式的氛围让人多了些许亲切。

　　其次，通过空间虚实布局的引导，人的视线会被自然地吸引到左侧垂直延伸的一片狭长的水面，两侧沿水而立的木隔板和半透玻璃交替形成纵深的通道，水面上方的灯带隐约照向室内的尽头。利用水巧妙地将室内空间左右一分为二，让吾壹工场设计和市场这两个部分相互独立，而后与水垂直相交的3条通道将室内分割成几个层次分明的小空间，再用天桥、通廊、水道以最适合人的尺度又将这些相互独立的小空间一一串联。水陆并行、三纵三横、高低有致、上下互通，设计师通过简洁的几何造型的小空间融合错落交替的三维自由布局，完成了一系列有机空间的整体围合，这都与典型的"一步一景"、"曲径通幽"的江南园林式布局不谋而合，在开阔和精细之间渗透出一种江南恬适的气息。人在其中自由穿行，感受到通廊的尺度，体验临水的静逸，触摸不同界面的材质，享受松弛有度的节奏，仿佛重拾记忆中久违的平静和惊喜。

　　与水廊遥相呼应的是右侧朝阳的通道，阳光透过高大的玻璃窗洒满通道上的每一片青砖。与水边的屋顶格栅的投影不同，此侧通道高而明亮，坐在窗边的座榻上看着阳光的流淌、体现出时间的慢慢变化。水廊与通道一明一暗、动静相宜。走道尽头是独立的总经理办公室，其中设有一整面沿墙而建的木质书架，显得整齐而利落。书架背后透出柔和的背景灯光均匀笼罩在房间正中的大木桌上，与书卷、茶具相融合，书香茶气、灯火阑珊相交融意境为办公营造出别致而清爽的氛围。长长的书桌，一端整齐地布置着现代化的办公设备，可供安静而高效地工作；另一头的古色古香的茶壶杯盏，则提供了放松状态——品茶、小憩的状态，可以交流探讨，侃侃而谈，提倡一种人性化的工作方式。

　　办公室临窗的一侧利用屏风重新开辟出一个小空间，好似一个小小的书香前室，茶几、沙发、衣架、画卷，使这里多了几许精致和温暖，增添了几分舒适和缠绵，有了更多回归的感觉。

　　正是这些家具赋予小空间不同的体验，可坐可依、可观可赏，能够把玩、寻味，能够聆听、思考，家具成为了一种体现当今人文生活的细节，为我们提供了一种似曾相识却从未体验过的放松方式，启发整个设计放弃去临摹传统的形式，而更多关注与贴近人们时下的生活、工作的形态与细节。

　　对设计师而言，一个真实的建造过程必然是一种沉思和对话的过程。正如弗兰姆普敦在建构概念中所诠释的：设计和建造并不仅仅关注设计项目的结果，也关注如何营造与构建出我们的空间，关注这背后支撑设计师进行各种构建活动的设计观念。徜徉在吾壹工场之中，感受空间的构造原则、空间设计和地域环境的共生与互通，体会传统和新型材料和细节的运用，步移景异之中始终能感悟到空间维持的一种精神；环顾四周，诸多细节总是在用自己独特的语言在述说着什么，在平静之中渗透力量和灵气，在轻柔之间呈现设计独特的性格。设计满足了办公空间最本质的功能需求的同时，也在空间与地域文化，人的感情依托和现代办公生活之间寻找出一种新的平衡。

1 2	4
3	5 6

1　水乡回廊
2　办公区
3　三层回廊
4　平面图
5　木格栅细部
6　灯火阑珊

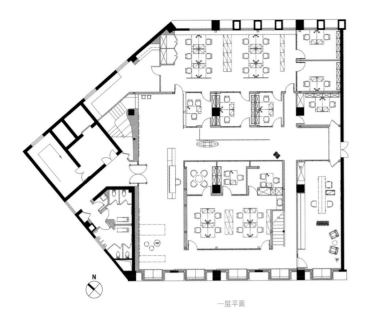

一层平面

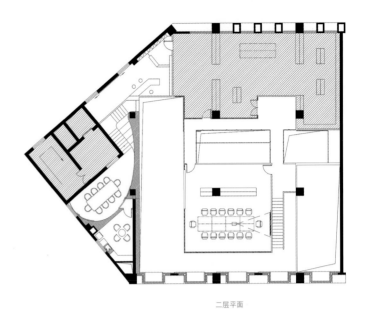

二层平面

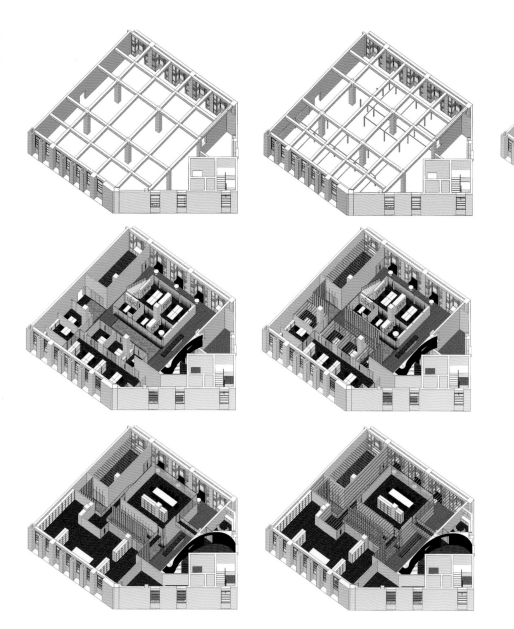

1　设计模型
2　跳台休闲区
3　楼梯

木宝塔：皋与高服装公司总部设计
WOODEN TOWER,OFFICE OF G&G GARMENT COMPANY

撰　　文	李耀
摄　　影	吴永长
地　　点	江苏省常熟市
面　　积	850m²
设　　计	吕永中设计事务所
主创设计	吕永中
设计团队	席佳、区润宇、袁纯
陈设设计	吕永中
主要材料	玻璃、木饰面、青石地坪
竣工时间	2010年

该项目位于常熟，这里是江南历史文化名城，也是目前长三角地区的服装生产制作基地。原建筑空间是新建的5层商住楼，作为成衣设计公司，皋与高希望新的办公总部应该在满足办公空间高效有序的同时，呈现出清新明快、个性化的氛围。最重要的是整个空间与江南名城独特的地域意境有所融合。

基于空间利用率和开放性上的考虑，建筑的一层设置有接待区、展示区、角落阅读吧和联系每一层的垂直交通——电梯间。原有的外墙窗都被整面的落地窗所取代，整体开放明亮的环境为一层营造出亲和友善的氛围。一层主入口的右侧设立一片水域，水域的上方是连通5层的天井，天井中央是一部贯穿整个建筑的垂直电梯。巧妙地利用木格栅将电梯分段包覆，形似中国式的宝塔，逐节而上，节奏有序，充满了表现力。"木宝塔"的左右两侧在每个层段都设置了一扇半通透的点窗，室外的光线由外而内穿过建筑汇聚到天井之中。虚和实之间注入了光的元素，伴着日出日落、阴晴变化，整

个垂直空间如同一个光的容器。

建筑的二至四层以办公区为主：垂直交通空间用横向的平面"天桥"把整个空间交通组织起来，北侧同样留了一个贯穿4层的内天井，一幅长卷在天井内至上而下，让每个楼层组成了一个联系而富有变化的空间。整个空间体系中，人的活动才是空间的主角：俯视一层的水体，天井、"木宝塔"产生了至上而下的倒影，水与光影精巧细微的互动让整个空间产生动与静、虚与实的变化。

顶层（五层）的开敞包容和一层形成呼应，依次设置了大会议室、接待中心和总裁办公室等。气韵典雅的木质大班、博古架，精致灵活的木格栅、清风塌与开放的空间相辅相成，淡化了空间的限定而促进了人与空间的对话。设计将原建筑北侧的几扇小窗打通连成一个整体：横向的长窗恰是一幅长卷，利用传统造园的借景手法，让远方常熟的地标——虞山跃然于卷中。空间自然构筑在江南的记忆脉络之中，传递出灵动淡雅的书画意境。 END

	电梯井——"木宝塔"
2-3	建筑原状
4	入口水景

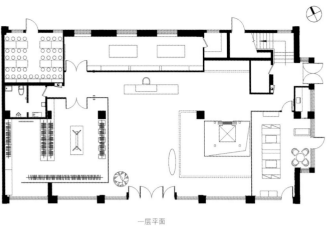

一层平面

四层平面

二层平面

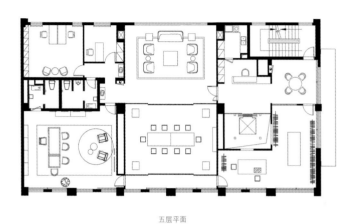

五层平面

三层平面

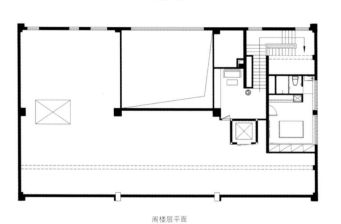

阁楼层平面

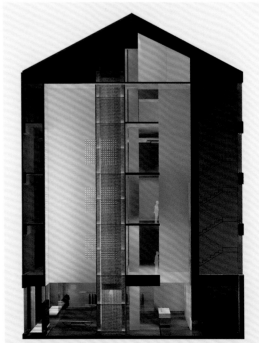

```
1 | 3 4
2 | 5
```

1　平面图
2　剖面图
3　阅览室
4　办公区
5　副总办公室

一起设计总部
DESIGNTOGETHER M50

摄　　影	胡文杰
资料提供	阔合国际有限公司、上海一起设计机构

地　　点	上海M50创意园六号楼三楼
面　　积	1 300m²
主创设计	林琮然、侯正光
设计团队	李本涛、姚生、王琰烔
业　　主	上海一起设计机构
材　　料	水泥、木材、黑铁、黑玻
竣工时间	2014年2月

木码设计在成立10年后，正式更名为"一起设计"，而且选定了上海M50创意园内的大空间作为新的总部，将各种不同性质的设计公司集成在一起。而这样的跨界整合的办公使用项目，也首度开创了两个不同领域的中国设计先锋的"一起设计"，新锐建筑师林琮然与著名家具设计师侯正光共同书写了这空间。

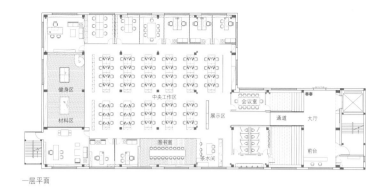

一层平面

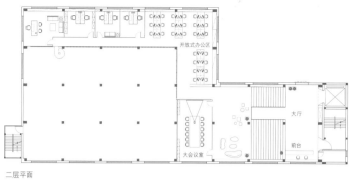

二层平面

　　设计初始，在面对偌大挑高的工业老厂房时，经过不断反复推敲，林琮然决定用一种简单而深具仪式性的空间布局，让长达12m宽的大阶梯，成为设计概念主题。这样的空间介质，可巧妙延伸出新增楼层的过渡性使用，成为一种活动与垂直连通空间的可能性，巨大的阶梯配合门厅的机能，产生出一个可提供聚会、交流、学习等多功能的接待区域，填入空间的大阶梯被视为了一种承载了无数活动与记忆的媒介；而在这水平阶梯上嵌入的一垂直向度的玻璃量体，则直接剖开阶梯并延伸出一12m长的通道，由外而内进入，由开阔的门厅进入相对狭小的通道，最终抵达那敞开明亮的工作空间，让人藉由先扬、后抑、再扬的过程，体会这样带有韵律感的移动过程，达成一种潜移默化的心理暗示，人们就在日复一日的身体力行中，养成一种展开工作与完成工作间的转换。

　　空间机能分布上，在大阶梯的上方放置大型会议室，让来访的客人也感受到那行走间的戏剧性，因此木头大阶梯的存在，构成了此地既流动又恒定的日常事件，主导着空间的精神气质。内部空间的格局，考虑阳光空气等物理条件，把餐厅、图书室、洗手间与集团总监室放入阳光最好的南面，西面则放入娱乐空间与多功能室，其余的主管室配置于北面；手法上采用开敞与玻璃分隔方式，让阳光直接进入挑

空的中央工作区域，在内部建立一个自然的工作环境。这样的空间规划，清楚界定了一个完整的功能序列，满足了不同属性与性质各异的部门体系。另外增建的二层空间在靠近主要挑空区，留设回廊迫使上下层间发生可互动的关系；二层廊道底端终点的旋转滑梯，提出一种创意的使用方式，巧妙又顽皮地解决了下楼的问题，除了呼应厂房挑高的特色，又完整组织出一严密的使用罗辑。

　　在建筑材料方面，寻找出一种朴素的自然构建美学，这是种真实而单纯的回归。后工业环境的办公空间异于都市丛林的写字楼，代表着上海最朝气勃勃的创意涌动，因此首先在质感的设定上费尽心思，抹去过去经过装修留下的油漆表面，复原了朴素的水泥环境，另新添温润的木质感，肆意延生而构成围绕空间四周的地面与墙壁，在基地内产生凝聚力十足的人文气氛，而楼梯和过道采用多层板断层作为饰面，基础的材料叠加在一起最终成为一个更优越的整体，集合断层显示出无数层叠的外观，也是藉由材料特性暗喻"一起"的美好表达。因应空间机能搭配茶色玻璃与黑铁件的使用，有效产生现代设计感，而通道端景植生绿墙与装满鱼的水缸更让自然生气涌入。不同自然材料的互相搭配，粗粝与细腻，人为与天然的一种默契，呈现出深具生活质感的整体空间，从而达成侯正光最初设定的集团文

化："一起生活也一起工作的完美融合。"

　　灯光设计方面，考虑了原始柱网排列现况，采用了格状系统，避开柱子会造成的阴影面，巧妙将走线槽设计成LED灯盒的基座，既避免了凌乱的布线，更与上部与裸露的水泥顶棚构成一种有序的现代风格；在加建出的楼板下方贴装中性色温的高亮度灯带，也在层高有限的空间内解决了照明问题，间接光的使用也让人感受舒适；重点图书阅览区配设吊灯与水泥柱四边加设三维效果的投射灯，产生空间的层次感，配合挑空的空间产生舞台般的效果。诸多细部设计时也做了精心巧思，如柱子倒圆角处理，兼顾美观与安全；在洗手间设计方面，设计师坚持"一起设计"却"和而不同"的想法，让富有工业设计造型的洗手台，配置上多种类的水龙头与形状各异的小便斗，把握整体在使用基础上，积极寻找各种功能和区域间的多元视觉享受。

　　"一起设计"办公室通过空间整合与改造，塑造了新创意办公的使用典范，共同创造出新的设计人生，这是共同成长的空间，也是切磋碰撞的理想所在，林琮然与侯正光拒绝虚假的装饰与形式，而是从关注使用者本身的诉求出发，最大限度地展示着善意和专业，正如"一起设计"入口处那个巨大勾手指的标志，时刻传递着真诚，团结和爱。■END

1 | 4
2 3 | 5

1　平面图
2　"一起设计"标识
3　大阶梯角落细节
4-5　长达 12m 宽的大阶梯，以及在阶梯上嵌入的一垂直向度的玻
　　　璃体成为设计概念主题

1	4
2 3	5 6

1-2　图书室与餐厅位于阳光最好的南面
 3　图书室灯饰细节
 4　挑空的中央工作区域
 5　二层开放式工作区域
 6　二层在靠近主要挑空区的区域，留设回廊迫使上下层发生可互动的关系

1	3
2	4

1　展示区
2　会议室
3-4　私人办公空间

1	3
	4 6
2	5 7

1-5　不同材料的互相搭配，呈现出粗粝与细腻，人为
　　　与天然的默契
6　　旋转滑梯，提出一种创意的使用方式
7　　洗手间

Castello di Reschio 设计部门办公室
CASTELLO DI RESCHIO OFFICE

撰　　文	藤井树
摄　　影	Philip Vile
资料提供	Castello di Reschio

地　　点	意大利佩鲁贾
面　　积	1 500多平方米
设　　计	Castello di Reschio
设 计 师	Count Benedikt Bolza
主要材料	砖、混凝土、钢、木板
竣工时间	2013年5月

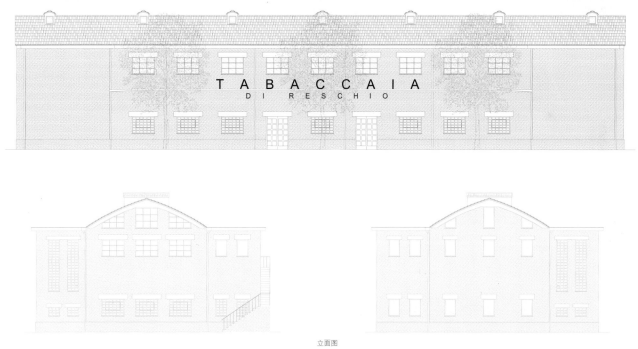

立面图

Castello di Reschio 是由 Bolza 家族拥有并负责设计、位于意大利佩鲁贾小山顶的一处私人地产项目。Bolzas 原先是意大利的一个银行家族，在 18 世纪迁往匈牙利，之后作为避难者逃往德国。其后代 Conte Antonio Bolza 进入了出版业，他的妻子 Contessa Angelika 是一名建筑师，他们在意大利度假时，经常发现租住的房子不令人满意，于是接连购买了 50 处不动产遗迹，一个中世纪城堡和 1940 年代的意大利建筑 the Tabaccaia，构成了私人地产项目 Castello di

Reschio，同时负责修复及翻新，并引入现代生活方式，由此吸引低调富有的买家。

Count Benedikt Bolza，作为 Bolza 夫妇的一个孩子，在伦敦接受建筑训练后，返回 Reschio 帮助管理家族生意——Castello di Reschio，并将 The Tabaccaia 翻新为设计部门办公室。Benedikt 对此案的设计，充分体现了 Castello di Reschio 在设计上的主要诉求：将现代品位和古典高雅完美融合，以及对细节的异常关注。Benedikt 的妻子 Donna Nencia，一个受古典训练的艺术家，则用

产自自然色素的绘画颜料，给羊皮灯具和家具创造了原始色彩和艺术气息。而与当地工匠的合作，更让此案的家具、物品、灯光、漆的颜色，以及当地传统和现代建筑材料，包括装饰性石雕、大理石、马赛克地板、再生砖、粗糙不平的回收木板、混凝土等和谐地融合在一起，又各自形成鲜明对比，相互映衬。沿着拱形顶棚顺次散布的七对天窗，更带来了大量光线，古典意大利和现代风格在此产生强烈共鸣，展现出独一无二的真实品质。END

33

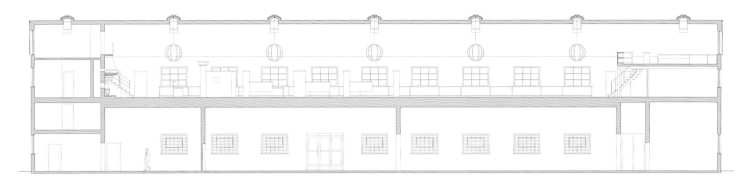

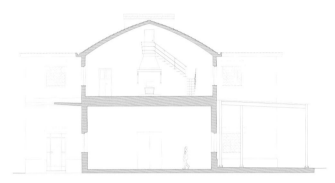

1　剖面图
2　楼梯间
3　创作实验室
4　会议室
5　通往 Benedikt 办公室的楼梯

1　沿拱形顶棚依次散布的七对天窗，带来大量光线
2　精心制作的标准灯具
3~4　办公空间
5　会客室

壹正企划有限公司工作室
ONE PLUS PARTNERSHIP LIMITED OFFICE

| 摄 影 | 罗灵杰、龙慧祺、Jonathan Leijonhufvud |
| 资料提供 | 壹正企划有限公司 |

地 点	香港
面 积	357m²
设 计	壹正企划有限公司
主要材料	人造石、防火胶板、喷漆、砖、木
竣工时间	2013年2月

FIRE HOSE REEL 消防喉轆

1+partnershi

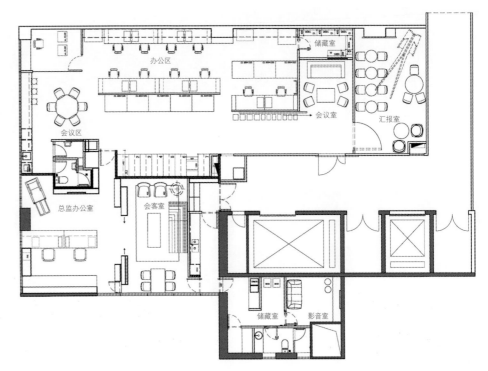

水泥墙、地板，以至剩余布料和回收再利用的设计师作品，以蓝色包装胶纸为 Charles & Ray Eames 的 DCW 椅子重新装饰，用上来自布料供货商的样板美化会议室的沙发……壹正企划新工作室设计均以可持续理念为主题。

设计师打造出突破传统的会议及简报会空间，并利用黑色粗身橡皮圈、塑料带及温室遮阳网重新包装 Charles & Ray Eames 的 DSR 及 Christophe Pillet 的 Meridiana 椅子。而座椅旁边的一组桌子，能够组成不同的配搭，灵活多变、用途广泛。房内布局营造出舒适悠闲的气氛，让客户和与会者参与简报会及会议时可以闲适安坐，犹如置身咖啡室。

地板、矮隔墙及工作台均以清水混凝土制造，带来发挥创意的自由空间。此概念延伸至原有的混凝土墙壁，而旧的墙面油漆则统统被除去。

至于原本会被废弃的旧储物柜，如今却褪了焗漆饰面来显现原有风霜痕迹，呈现岁月情怀。另外，设计师只为新金属架涂上光漆作防锈之用，但刻意保留其原本粗糙不平的边缘。

环保理念也被推及至照明设备：随意悬挂的吊灯采用了 LED 节能灯，开灯时会逐渐变亮；可任意调节的活动式轨道射灯则灵活多变，同样有效减省能源。

此"陈旧回收场"概念，是为了展现废弃物料也可创造出时尚设计的可持续概念，这是现今全球最热门的话题，亦是未来的设计潮流。END

1	
2	
3	

1　本案以"陈旧回收场"为设计概念

2　平面图

3　可任意调节的活动式轨道射灯灵活多变，结合
　　LED 节能灯，有效节省能源

1	3	4
2	5	

1-5 各类桌椅的重新装饰，及对旧橱物柜的使用展
　　现出废弃物料也可创造时尚设计的可持续概念

1-3 地板、矮隔墙及工作台均以清水
混凝土砌成,带来发挥创意的自
由空间

4 原本会被弃置的旧储物柜呈现
出岁月情怀

源计划新办公空间
O-OFFICE

撰　　文	蒋滢
摄　　影	林力勤LIKYFOTOS
资料提供	源计划建筑事务所

地　　点	广州市荔湾区西增路63号原广州啤酒厂麦仓
建筑面积	535m²
设计公司	源计划建筑事务所
设计主持	何健翔、蒋滢
设计时间	2012年4月~2012年9月
竣工时间	2013年3月

1　酒吧及上部的休息空间,新与旧,
有如年轻的工作室和老麦仓这对
巧妙的组合
2-3　改造前照片
4　建筑外部,架在空中的办公室
5　轴测图

建筑师的办公室总是得"久经考验"的,每天在那儿待那么长的时间,忙起来那更是没日没夜简直吃住都在那里,源计划在老麦仓顶上的工作室充分地体现了这点认识。传统入口的前台空间被一个小酒吧取代,好似招呼往来的建筑师们:"嗨,过来坐坐,来杯咖啡还是热巧克力?"

老麦仓的前身是广州啤酒厂的大麦储存仓,始建于1934年。麦仓顶层的这个空间原是用于将由下面运上来的麦子通过水平流线运到各个筒仓顶部,再将麦子向下倒进筒仓里。内部空间封闭,呈线性展开,每3m一跨的门架通过纵向次梁构成关系清晰的结构整体;约54m长、7m宽,地面交错设置了3列80cm×80cm的洞口直通下部的筒仓。

延续原建筑两列排开的筒仓,我们在南北墙面对应各开了5个门洞,利用筒仓顶部形成了12个半圆的室外阳台。门洞上粗犷的开启扇

经过特别设计可以180°角全开启,在珠三角某小加工厂完成。清晨和傍晚的阳光总是倾泻而下,映着半圆阳台上红色的大阶砖,分外妖娆。建筑师们各自认领临近自己座位的阳台,自由地打点各式大大小小圆盆上的花草,照料它们的同时,也好好放松绷紧的神经。

沿着线性路径展开的是工作空间的主体。在它的南侧,我们搭建了局部两层的功能带:二层为收藏各种材料样品的样本库;一层则结合墙面开洞,构筑了5个大小均一的木盒子功能模块,满足模型切割机、模型材料收纳、打印室、图纸收纳等功能。在这个横向的典型剖面上,每一个改造动作都尽可能标准化,改造使用的材料也选用常见的易于加工的工业产品:钢板、热镀锌管材、金属网、水泥纤维板……为了满足建筑师追求材料及其关系的诚实和清晰性的癖好,所有内表面均凿开原来不同时期修补的厚厚的抹灰层,露出本来的材质——混

凝土及红砖,清洁后一展原貌。

在改造设计中,我们有一个很温情的想法,就是利用原有楼面上向筒仓的一系列开口种植树木,这样无论是人的活动、家具的摆放,还是植物的种植,都可以在同一个标高面上,也就是说,室内的植物可以直接种植在地板上!高窗投射的阳光让绿叶在地面上形成了斑斑驳驳的光影,建筑师日常的工作自如穿梭在树林和光影中,美其名曰"麦仓顶的森林办公室"。

入口的酒吧总是最轻松的地方。午饭后一小杯 expresso,咖啡机嘶嘶的蒸汽中浓浓的香韵,马上就让这儿热闹起来,大家在这里交换和分享着美味的点心和各种想法。酒吧上面的开敞阁楼是午睡休息(当然也可以晚休)的地方,经过表面保护处理的光滑黑色热轧钢夹层简单地裸露出来,有趣地搭讪着灰色粗粝的混凝土面,有如年轻的工作室和老麦仓这对巧妙的组合。 END

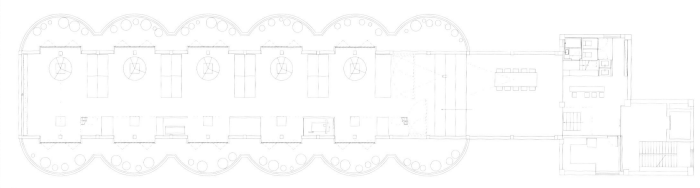

下层平面

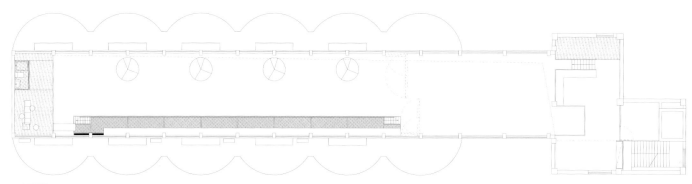

上层平面

1　平面图
2　入口
3　入口储物柜
4　入口的小酒吧
5　会议室
6　工作空间

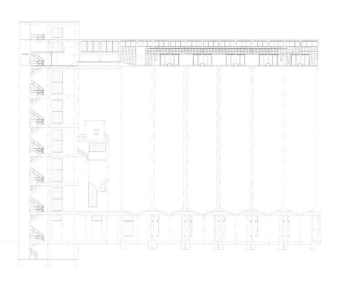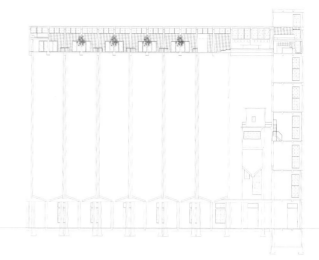

1　剖面图
2　工作空间
3　各种材料样品的收纳架
4　种植在地板上的室内植物
5　半圆形阳台，可俯瞰江景
6　尽端的图书馆

Carlo Bagliani 建筑事务所办公室
CARLO BAGLIANI OFFICE

撰 文	藤井树
摄 影	Anna Positano
资料提供	Carlo Bagliani

地 点	意大利热那亚（genova, Italy）
面 积	305m²
设 计	Carlo Bagliani
协作设计	Stefano Mattioni, Pamela Cassisa
竣工时间	2013年

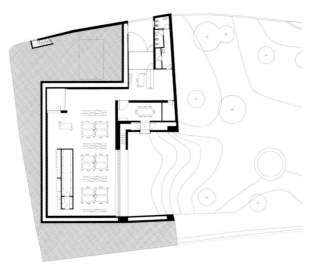

场地原先是一个旧菜圃。2005 年，因当时法规所限，Carlo Bagliani 跟 SP10 合作，只能将其设计成地下车库，同时也在设想一个艺术或类似空间，谓之"菜圃里的艺术家空间"。2013 年，Carlo Bagliani 将其改造成了自己的办公室，合理控制预算的同时，对原空间某些特质或故事的保留，也形成了空间的独特所在。

坚硬牢固的混凝土；空间曾被印象派画家 Federico Palermo 用作画室，他在冬天用火炉在室内取暖，在墙上所留下的烟熏黑色块，均被设计师有意保留，尤其是基于对原空间开放特质的尊重，设计师只设置了 3 个必要的隔离空间：档案室、会议室、休息室，尤其档案室就像一个安静的低层塑制品，置于开放空间中，分隔厨房与绘图室的同时，也是开放空间中的活力存在，人们可在不同角度围绕着它站立，获得不同感受。

顶棚和墙体只使用了石膏板；设备层只使用了天然橡胶；电气系统最小化，保证了顶棚和墙面的整洁；一眼望去，几乎全是黑色调，很少的预算，却营造出了干净利落的空间，有助于精神的放松和集中。

此案就像一个旧图书馆，金属书桌及一前一后的灯具，同时显示出了它的当代性，设计师认为最重要的是，营造一个安全的藏身之所，一种可让设计师远离外界喧闹，得以停留和沉思的秩序空间。END

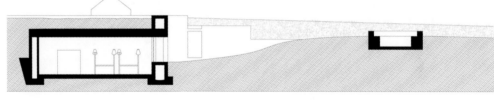

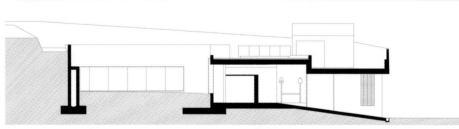

1-2　从室外看向室内

3　档案室位于开放空间中，分隔绘图室与厨房

4　剖面图

5　原空间某些特质，如墙上的烟熏黑色块得到了保留

6　让设计师得以停留和沉思的秩序空间

陶磊建筑工作室
LEI TAO ARCHITECTURE STUDIO

摄　　影	陶磊建筑工作室
资料提供	陶磊建筑工作室
地　　点	中国北京798艺术区
建筑面积	200多平方米
设　　计	陶磊建筑工作室
主要材料	U型玻璃、水泥地面、欧松板墙面、实木工作台、实木书架
竣工时间	2013年

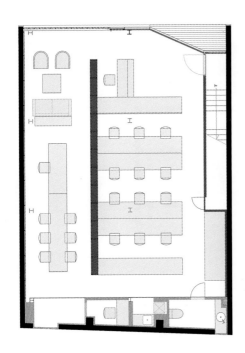

工作室位于北京 798 艺术区，这里是在老工业基地上建立起来的中国最具活力的艺术区，每天都发生着各种各样的艺术活动。办公室的建筑基地原本是个倒塌废弃的旧仓库，之后被建成 3 层钢结构小建筑，用地左右两侧及背后分别被不同建筑物挤压并包围着。为节约用地和工程造价，建筑几乎没有做任何空间与形式上的变化，只在建筑的正立面全部装上 U 型玻璃及可开启的玻璃窗，希望这唯一的采光面可给室内提供充足采光及通风，U 玻在采光的同时，又可避免建筑正面道路给室内带来的视觉干扰。

办公室被设计成一个开敞的大空间，没有硬性的房间隔断，工作区、会议区、休息及会客区等不同功能区只用一个巨大通透的实木书架作空间界定，试图将办公室营造成快乐、平等、自由、开放的建筑工作空间。

办公室内部材料采用最朴素的欧松板、镀锌板、白色乳胶漆，以及水泥地面，室内只配以简单绿植，家具则几乎全部是没有油漆饰面的实木，保持着实木所特有的温暖及质感。在这些没有任何修饰的材料组合中，办公室呈现了一个明亮并温暖的色调，给人一种真实可信的感受，是一种可以自信并自足的空间特质。

还有咖啡和音乐，在这里，建筑设计可以成为生活的一部分，或让建筑师在设计中体验生活乐趣。建筑设计不应是过于严肃刻板的工作，办公空间应让建筑师的身心放松下来，学会优雅工作，用平静心态作研究，而不是一味赶图与奔命；同时在此，感受时间和岁月的节奏，感受设计的快乐，感受生命的意义和设计的价值。■

I   平面图
2-3 办公室被设计成一个开敞的大空间，不同功能区只用一个巨大通透的实木书架作空间界定

```
 1 | 4 5
2 3 | 6
```

1-6 没有任何修饰的材料组合中，办公室呈现了
    一个明亮且温暖，自信且自足的空间特质

后象设计师事务所办公室
ALLSYMBOL DESIGN FIRM OFFICE

撰　　文	藤井树
摄　　影	吴辉
资料提供	后象设计师事务所

地　　点	武汉
面　　积	1 200m²
设　　计	后象设计师事务所
设计团队	陈彬、李健、付晟
竣工时间	2013年3月

　　观彬兄近作，感后象空间藏于市井，地下车库普通、公共大堂无名氏翻版的KPF风格普通，见过彬与华芬微信图片，想象诗人空间的模样，自认不会惊讶，但进入真实场景忽有清雅荷香，润我心房。平面，规矩中自有方圆，各种风格旧物在合适的灯光中随意置放，适度的刻意，与时尚保持距离但不造作过力。如果内建筑与赖年代善于层表的陈述，那么后象设计可以成为另一可分析的风格类型——话说三分、低头，欲走还羞，其意力透。平民诗意或许可以表达当下后象版画家、动漫、设计师的状态？但终究是可以拉入"平民一派"的，五星级酒店可以亲民？五星级的办公可以亲民？合适的概念定是有生命力的，百业百态，我等善变，口号？做派？小团体？

　　　　　　　　——内建筑设计事务所合伙人　沈雷

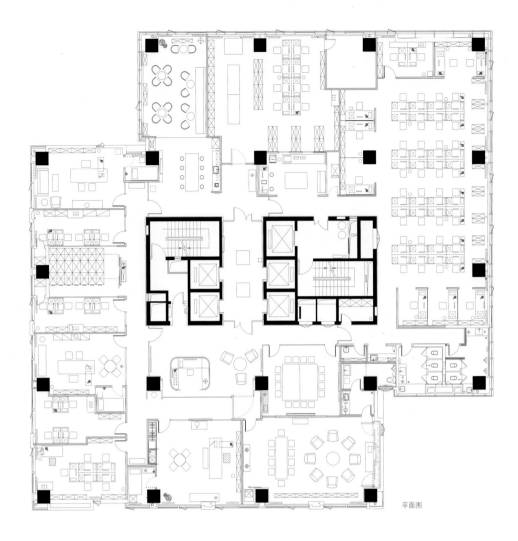

平面图

ID =《室内设计师》
陈 = 陈彬

ID 能否介绍一下这个项目的设计概念?

陈 作为设计师,设计是生活的一部分,我们工作和生活的大量时间都是在办公空间里度过,所以这个空间首先是属于设计师自己,最重要的是一定要自己喜欢、符合自己审美,从材质、色调到整体氛围,能让自己惬意,让自己流连忘返。

作为一家室内设计公司,我们的项目大都相对集中于会所、餐厅、精品酒店,所以设计自己办公室的时候,我们并不想做成传统意义上冰冷、紧张或快节奏的办公场所,而是希望员工在此工作过程中,能感受到的是舒缓的节奏,感受到不仅仅是存在于图纸上的艺术化空间处理、灯光效果,以及所需的氛围应是什么样的;除保持基本的办公功能外,这个空间整体感觉更像艺术会所或设计酒店。没那么紧迫和急切,材质也以原木为主,亲和力很强。

ID 空间上是怎么布局的呢?

陈 虽然 1 200m² 的面积不算小,但要容纳很多公共空间,在空间布局上,我们有些自己的方式。设计公司,除了设计工作区域,还需很多用于讨论、方案汇报等沟通的会议场所,但我们不可能特意划出很多空间作会议室,所以很多其他空间都兼具会议功能:有正规的会议室;也有像会客厅一样的会议空间,里面有看方案的大屏幕,也有接待沙发;还有位于最好的建筑转角位置的咖啡吧,在这里可看到长江、武汉长江大桥和长江二桥,还有龟山电视塔的夕阳……同时,只需稍

微调整一下,即可变成沙龙或更大的会议空间,同时也是设计师们下午茶休、举办生日 Party、单独工作会客的场所;陈设工作区也有很大的工作台,正常时间作为工作台,也可作为会议空间。这种将不同功能叠加在一起的空间使用方法,是这个办公空间平面布局的特点。

ID 家具陈设及灯光设计,具体是怎么考虑的呢?

陈 我们的空间相对比较简约,那么,在一般情况下,灯具、家具、摆品挂件等所有陈设元素也都会有相对简约的选择,但我并不愿意那样,我们不为简约而简约,而是在简约空间里,放进一些有细节的东西,我希望我的陈设品在简约的空间里,略微有点点"跑题":题一跑,空间就轻松起来了,更加随意,更加舒适;题不跑,空间有些时候会显得过于严谨。这种跑题,是我们在这个办公空间营造上的一点特殊追求。很满意能以自己特喜欢的方式去布置这些物件。

谈起家具和陈设,我和我的合伙人都非常喜欢收集一些觉得和生活有关的旧物件,有中国传统的,也有从欧洲或亚洲的各类古董店淘来的各种东西,有家具、艺术品、生活用品、灯具等,这些收藏品的适当加入,让整个现场给人不确定的感觉,不像一个办公室,模糊了空间印象,丰富了场所内涵。

灯光设计,因为不愿做得太像办公空间,所以除了正常办公区域是办公照明外,所有公共空间的灯光,包括色温、照度、灯点布位等,都是

以商业空间的感觉来做的。

ID 材料方面呢?

陈 材料方面,还是更多地选择自己喜欢的木质材料,亲和且温暖,大的墙面基本是定制的实木红橡板,也适当保留了原建筑一些清水混凝土墙体和柱体,保留了建造痕迹的同时,也与木质材料形成质感上的对比;再有些钢板折边细角,将墙面材质语言框住并耐用,同时在视觉上也很提神。总之,我们的材料很简单,基本没有太多别的东西和色彩。

ID 这个空间感觉更像艺术会所或设计型精品酒店,那跟您之前做的商业空间,有不同之处吗?

陈 其他项目,最关键的要从项目功能出发,用专业手段帮助业主达成商业目的和诉求。而这个空间,因为是按照内心喜欢的元素来布置,不需要考虑太多其他因素,就比较单纯干净,做时也轻松自如,并不过多强调风格和商业属性,所以,我感觉这个空间里有很多地方是传神的,能够进入内心,能够让人被打动,产生共鸣。**END**

1	3
2	4 5

1　入口
2　前台
3-5　简约的空间中，陈设却充满细节

| 1 | 3 |
| 2 | 4 |

1 办公区，大量的木质材料带来亲切并温暖的感觉

2 咖啡吧，稍作调整，即可变成会议空间

3-4 收藏品的适当加入，模糊了空间印象，丰富了场所内涵

重庆年代营创室内设计有限公司办公室

CHONGQING NIANDAI CREATION INTERIOR DESIGN OFFICE

资料提供	重庆年代营创室内设计有限公司
地　点	重庆
面　积	900m²
设　计	赖旭东
竣工时间	2013年1月

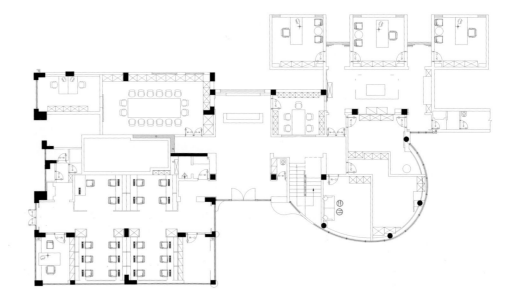

1
2
3

I 外立面
2 一层平面
3 前台区

任何成功的设计，必然有他的灵魂。本案的设计，一直在传统与当代之间思考，寻找二者之间内在的观念和文化的平衡性；力求在当代语境中追寻属于中国的新东方主义。如果说日本和韩国追求的是西方功能形式主导下的东方意境，传统中国设计是追求符号叙事的话，那么本案就是在追求二者之间的平衡，是寻求"味道"，是让传统的文人气息和儒雅风骨在当代文化中延续。

首先，本案建筑原身是一栋某楼盘临街的售楼部，室内面积大约 $900m^2$，并带 100 多平方米的入户庭院；现作为设计公司办公楼使用，空间上就给设计师发挥带来很大的自由度。

考虑到设计公司办公室是部门配合性高、人员流动性大，但又独立，怕相互牵制影响的特殊空间，所以设计师在平面上做足功夫，以进门宽敞的前台接待区作为中轴线，左边为主

要设计人员的开敞办公区，空间开阔，并背靠物料库，再连接软装部，方便设计师选材选色和与陈设师交流沟通；右边空间分割较为细致，三位设计合伙人各自拥有独立办公区，并共享一个会客区，节约空间的同时，又方便设计合伙人随时聚集商议；剩余空间就规划为行政、财务、效果图表现等办公室以达到功能需求，同时在他们之间又设置了一个小型书吧来迎接到访客人。

设计师的办公室是展示自己的窗口，业主走进设计师的办公室，或多或少都能预判自己委托项目今后呈现的结果；考虑到本案中的设计公司主营大型商业空间和酒店空间的特质，故在材质工艺和风格处理上更人为地背离传统严肃办公空间，而倾向亲和的服务会所类，以提高到访业主客人的辨识度；但在风格的把控

上，虽然走的是新中式，但设计师并没有将"中式"或"现代"的语言刻意区分又或说刻意杂糅，而是追求一种空间形态上、功能上、风格上的平衡性和调性的一致性，是追求一种含蓄的适应当代语境的文化底蕴。

设计具体实施中，通过简单的几种材质运用，石材与木材的自然拼接，皮革与拉丝玫瑰金和亚麻布的相互配合，无处不体现整个空间的品质性，而各材质同色系的弱对比关系又使空间充满亲和随意且雅致的意境；陈设上通过传统书画的现代装裱方式，点到为止的艺术品，精致的木质通花镶嵌在镜面上的或虚或实，加上去掉传统中式繁重的雕花与符号的改良中式家具，不仅在视觉上简练质朴，也让舒适度得到明显提升，同时给整个办公空间注入了一丝人文气息和内敛的君子之风。END

小即大
——闹市深处的设计师隐居之地

撰 文	黎雨桐
地 点	上海
面 积	65m²
造 价	25 000人民币
竣工时间	2013年12月

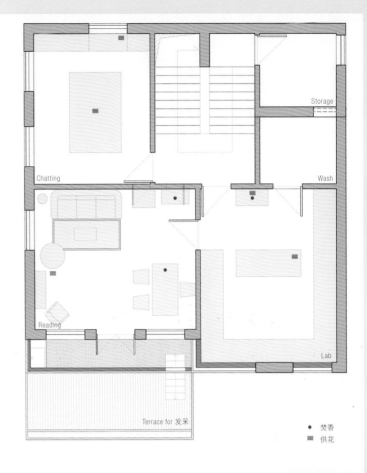

Storage

Chatting

Wash

Reading

Lab

Terrace for 发呆

● 焚香
■ 供花

2
1 3

I 工作室外观
2 平面图
3 工作室隐匿在上海法租界旧地的一条老弄堂里

莎士比亚讲过，即便身在果壳之中，依然自以为宇宙之王。设计师说他就是那个果壳之王。设计师把他的果壳藏在法租界旧地的某条里弄深处，这个果壳位于老房子的二楼，即便算上厕所也只有4间房。

设计师没有对房子大肆改造，白色便是极好的底子，可以任意装点。设计师解释道，他的设计哲学是适度，所以希望用轻的手法改变旧房子的气质。"总之要放松，设计师的生活太刻意而显得沉重"，他笑了笑"当然还是要省钱"。

他把3间屋子之间的两道门常闭，便重新规划了原本作为住户的功能布局。朝北的房间连同家具全是白色，北窗望去便是相邻的绿地碧树，嵌在书墙上自成对景。设计师把这间会议室称为"chatting room"。他乐呵呵地说："设计的一大部分时间就是聊天啊，会议尤其。"这也可以解释为什么会议室的牌匾上大书"一笑了之"，这也可说明他认为这世上大多数的争吵和讨论都是姿态问题，不必介怀。

设计师把南向东间房称为"Lab"，其实就是工作区，也是外客进入工作室的前区，更是接待和设计生产的地方，所以东墙牌匾有云"观云秋月"，因为没个好心态去战斗在这个红尘俗世是不成的。Lab的工作台面是连续呈U字的黑色台面。在上面连续展开的是打印机，各种酒杯，电脑，各种茶杯和各种桌上饰品。在这个工作室，工作和生活是不可分的。设计师认为当代建筑学不真实的原因在于它们仅仅表达了形式和自身的构造能力，而没有表达实际生活的困境。他说"建筑与生活一旦失去了相关性，建筑就一定缺乏意义。这样的建筑可以随便是什么，人们就可以不经心地对待它甚至不理它。人的生活意义只能在生活本身，而不可能在生活之外，假如在生活之外就恰恰意味着生活本身没有意义"。我问他为什么不和会议室那样选用白色的台面。他笑笑"对偶，黑对白"。

南向西屋是工作室的高潮。设计师精心物色了一个年轻家具设计师，用他的作品布置了这个被他称为"reading room"的房间。我感慨道"这就是个起居室，加一张床就可以入住了"。设计师乐了，"诺，沙发边上便是睡袋，是可以困觉的。"这个起居室，或者算是书房，便是设计师自己的办公室，在这个微小的果壳中显得极其奢侈，算是果壳之王的宫殿了。站在"宫殿"的阳台望去，看不到那个迅速生长的新上海，甚至听不到弄堂外喧闹的街市嘈杂。这的确是大隐隐于市的居处。

设计师打了个香篆，烟袅袅升起，不一会，屋子充满了让人愉悦的檀香味。设计师讲，里面还掺点沉香，他强调了下。这香味让乍暖还寒的屋子温暖起来，被窗帘滤过的阳光懒洋洋地洒落在细麻地毯上，人也会懒洋洋的。这哪是工作室，分明是一个闲散文人的别处密室。

设计师打了个哈欠，看着光束下漂浮的细微灰尘，慵懒地引用了他助手对工作室的评语"这里有微小但确定的幸福"。缩在沙发中的设计师又说道："设计师总是过于热心地为仿佛在他们之下的人设定理想生活，总是过于执拗地在不危险的业主前坚持自己的偏好，但更多时

候在权力和资本面前不得不妥协。这大约是因为设计师从未真正认识自己，认识人，我的建筑不会有宏大的社会性叙事，只会作为微小的探针，刺穿形式主义的皮囊，在刺痛中让人真切地感受到自己的情欲，而不是被知识和教条概念化的情欲。"

"你那么小的工作室能干什么呢？""嗯，以生产性企业而言，这不算什么。以创意型企业而言，"他顿顿，指了下脑袋，"同时就思想而言，小即大。"然后，他眼色突然放光，走出去拿了两个香槟杯进来，"喝一杯，意大利的气泡酒，有迷人芳香的甜味。"■END

| 1 | 2 | 5 |
| 3 | 4 | |

1 工作区
2 工作区里依然有酒，酒与生活密不可分
3 Reading Room
4 工作室里有很多有意思的小物件
5 Chatting Room

李益中空间设计有限公司办公室
LIYIZHOGN INTERIOR DESIGN OFFICE

撰　　文	李益中
摄　　影	井旭峰
资料提供	李益中空间设计有限公司

地　　点	深圳市南山区
面　　积	500m²
设　　计	李益中
主要材料	白色聚酯漆、自流平、钢板、玻璃
设计时间	2013年1月
竣工时间	2013年3月

我们的办公室设计，是一个在 less 与 more 之间的实践，一种简约的丰富。形体是简约，色彩是黑白灰的纯粹，但我们要玩一个空间游戏，重点在空间布局上做文章，并让艺术为空间添一抹亮色。

一、创造时间性

压缩前厅空间，用增长的走廊加强进入的体验感。我们重视人进入空间的方式，长的走廊会带入时间性，延长从室外到室内的心理过渡，让上班的同事为进入工作状态作情绪上的整理，也为客户创造一种探寻的体验感。发光的灯柱加强了走廊的序列感，墙上的艺术品让人有种进入画廊的错觉。

二、多功能性

会议室不是每天都频繁使用的空间，我们让它成为一个多功能的地方。会议室设置了两道手推拉门，当需要开会时，将两道门封闭，会议室就成为一个安静秘密的空间；没有会议时，两道门都可完全打开，会议室空间完全融入休息等候区，乃至延伸至后面的走廊书架，空间就开阔了。会议室还设置了几段大台阶，仿若大学的阶梯教室，可用于内部的例会和设计培训。

三、迷宫一样的空间

许多到办公室参观的人，都觉得这个办公室像迷宫一样，许多客户到办公室之后找不到出口，我们笑称"签了合同才可以放你出去"。因为空间的多变、通透、多通路，让人觉得空间很复杂。

四、柔和灯光

办公室是长时间工作的地方，柔和的光线特别重要，这样才不会令眼睛容易疲劳。办公室用了几条暗藏的漫反射光带，通过顶棚的反射，光带变得柔和舒适。光的色温也采用了两种，4000K 及 2700K，一冷一暖，达到视觉的平衡。办公室中间的悬挂式灯带，由钢板制作而成，

统一了空间秩序，一上一下两条灯带亦提供了柔和的工作光源。

五、舒适性

让"屁股"舒服一些。在办公室最重要的东西就是椅子，因为要坐8小时，椅子的舒适程度一定会影响工作质量，所以我们特别关注椅子的质量。我们选择了两千多元一张的椅子，有合理的人体尺度和舒服的质感。

六、艺术性

让艺术为空间增辉。空间有许多艺术家的作品，如郑驰、闫冰、张齐努、归荣彪、伍时雄，他们大多很年轻，有些已小有名气，有些正备受关注，有些还默默无闻，不管怎么样，我喜欢他们的东西，尤其郑驰的作品是放置最多的，一个非常有才气的女画家，可惜在2010年出了车祸，下半身瘫痪，可贵的是她现在依然坐在轮椅上画画，只是再也画不了大作品了，最近看了她的

新作，虽然尺幅很小，60cm左右，但越发精致、唯美了。还有闫冰，来自大西北农村，他的作品许多取材于当地材料，泥土、稻草、牛皮，再用当代艺术的方式呈现。今年的香港巴塞尔艺术展，闫冰的作品引起了社会各界的关注，可谓冉冉升起的新星。我的办公室挂了他的一幅《新芽》，用家乡泥土和稻草做的，我喜欢他的表达方式，质朴、自然，而且有当代性，与众不同。这些艺术品为办公室增加了一抹艺术气息。我们的办公室给人的第一感觉是简洁干净、通透、清爽，但真正置身其中又舒服悦目，而且空间丰富，每个角度都不同。

七、来点小变化

在大面积的黑白空间之中，我们把贵宾接待室墙面换成深褐色调，木地板铺装，布置得更有情调一些，让它在工作环境之中跳脱出来。

在简约与丰富之间，我们要做空间的诗人。END

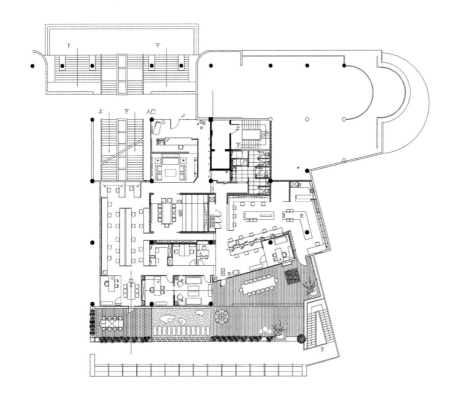

```
  1 2 | 6 7
 3    |
 4 5  | 8
```

1　门厅
2　门厅交通流线
3　平面图
4-6　接待区
7-8　会议室

1		
2	3	
	4	

1   VIP 室
2-4   办公区

建筑教育的改革，
需要每个设计教师一点一滴主动来做
——范文兵访谈王方戟

| 撰　文 | 范文兵、张陆阳、郑则纬 |
| 图片提供 | 王方戟 |

　　建筑学是一门实践性学科。建筑教育与建筑学的关系，与其他专业里教学与专业的关系在本质上有很大不同。尤其是设计课（studio）教学，它不仅要传授学生一些基础知识、基本原理，它更是一个技艺培养与人格熏陶的过程。设计课教学，需要设计教师手把手带领，需要师生在身体的实践行为中相互激发，才能真正学到东西，进而培养出具有鲜明特色（专业价值观特色、专业手段特色、专业视野特色……）的学生和作品。毫不夸张地说，设计课教学是奠定一个学校建筑学学科特色的最重要手段。

　　此外，设计课教学还可以成为探索专业新方向的研究行为。1960年代，文丘里（Robert Venturi）和布朗（Denise Scott Brown）在耶鲁大学指导设计课，以此为基础出版的《向拉斯维加斯学习（Learning from Las Vegas）》，成为揭开建筑学发展新篇章的重要标志。1990年代末，库哈斯（Rem Koolhaas）在哈佛大学指导设计课，随后出版了两本书，一本是研究购物行为的《哈佛设计学院购物指南(The Harvard Design School Guide to Shopping)》，一本是研究中国珠江三角洲城市化问题的《大跃进(Great Leap Forward)》，两本书培育出库哈斯后来很多引领建筑界潮流的崭新思想。

　　在本文中，我与深受广大学生喜爱，来自同济大学建筑系的王方戟老师，展开了围绕建筑教育，尤其是设计课教学的访谈，其中，也谈到了他自己的一些设计实践，触及到了设计教学、借助设计做研究、教学与实践的关系、教学与科研的关系等多个话题。

关于"长设计周"

范 杂志编辑之前问我,是准备和王老师聊设计呢,还是教育呢?我的第一反应是,教育,当然是教育!除了我自身也非常关注建筑教育的因素外,从影响(专业)人的角度看,我心底里还是觉得,在当下中国,建筑教育比某个具体的建筑设计,影响力要来得更大、更深、更长远。

王老师,在我印象中,这一段时间你针对教育比较多的在说"长设计周"这个话题,包括你这段时间发在《建筑学报》《室内设计师》上的几篇文章我也都看到了。在我记忆中,最初你提出"长设计周"这个事情其实是有针对性的,你可以大概讲讲这个背景吗?因为在国内学校大部分的建筑设计课教育中,长设计周这件事还不是很多。

王 长周期建筑设计训练有一个暗含的背景,那就是课程设计完成深度的问题。最初我作为新教师带设计课的时候,哪怕给我再长时间,我也很难带出设计上有深度的作业。那时候是很困惑的。后来逐渐意识到,除了图纸上可以加强对建造训练的深度外,更主要的是在设计意识上有很多层次可以引导学生去思考。有了这些层次的思考,并付诸设计,设计出来的方案自然也就有了深度。为了对建造及这些层次问题进行思考,需要相对较长的课程时间。这样才提出了长周期设计课程的事情。不过后来我也发现,课程设计的深度本质上不是课程长短的问题。要是你的课程中用很短的时间让学生作业达到一定深度,那当然更好。

范 嗯,其实最关键的是最后设计完成的深度。

王 对!一开始觉得好像时间很短深度达不到,后来做着做着感觉到也不全是时间的问题。

范 那从设计教学这个角度讲,假设我们不管时间长短,如果想让学生在一定时间内达到一定的设计深度,靠什么方法来控制呢?那个方法的关键点是什么?是比如说:给学生设立一些分项目标?还是有其它什么方法?

王 首先,长短也不是绝对的。最初把周期加长,是因为认为短时间内没办法达到教学目的。后来发现时间拉长了,也没达到目的。这才知道其实是一个方法问题,或者是教师的教学概念问题。等教学概念跟上了,短一点也不是不可以。

我觉得教学概念中最核心的是老师自己的建筑观念。如果教师心里没有对建筑明确观念

的话,那就会在教学中显得很乏力。教师会认为学生这么做也是好的,那么做也是好的。学生用这个方法也行,用那个方法也行。但是有了明确的观念,才能区分建筑设计所牵涉的各种因素的等级。并按这个等级来对学生的方案进行判断,也按这个等级对学生作业进行指导。这时候你才能循序渐进,一步步地引导学生,把他们对于不同层级上的思考梳理出来,再按等级还给他们。当然,我说的循序渐进不是说把课题分成若干个小单元,分头训练的那种模式。我说的是一开始就把设计作为一个整体,按课程所含问题的等级逐步讨论并进行设计的方法。

学生作业模型,2013年,黄艺杰

学生在课程中提出来的问题可能有需要先被解决,但也可能是需要推后解决的。学生不一定能意识到一个完整的体系,只能凭兴趣和直觉提出设计的设想。只要教师心里清楚所有问题的相互关联及等级,就能在相对较短的时间周期里,与学生一同一个问题一个问题地筛选,逐渐推进到一个最后相对比较完整的成果。我现在理解,建筑设计教学症结是在这个地方。

范 按照我的理解,你的意思是说,最关键的不是教学日程的设置,而是老师的学术观点是不是够清晰,或者说他针对这某个特定题目所持的学术立场是不是够清晰。

王 没错。

范 因此他就会有非常明晰的判断,学生也会很快明白,哪个是重要问题,哪个是次要问题,我应该如何分配我的时间。

王 对。老师心目中哪个问题重要,哪个问题次要必须是清楚的。学生做设计的时候也许会从第二或第三个层级的问题开始着手。作为老师在这种情况下还是一味肯定学生,那就有点不妥了。教学中要鼓励学生、肯定学生,但是学生做得不对的地方也必须明确指出来。如果教师没有明确的立场,学生抓着次要的事情穷做你也肯定,那就很难把握全局,并把这个课程设计带好。你明确一、二、三、四,也告诉学生这些等级是什么,不同等级上问题之间的关系是什么。这样你或许就可以把学生也带进一个对建筑设计进行理解的大框架之中。这样的话,老师也许就可以在很短的时间内推动教学,并将教学及学生的思考推到一个深度。

关于老师之间的学术观点差异

范 我明白你所说的"长设计周"的核心了。但是我们马上就会碰到另一个问题，作为专业工作者我们其实都知道，归根到底，建筑学其实没有一个绝对的对或错。我理解你前面所说的对、错、等级等标准，肯定是针对某个特定教学阶段、特定设计题目而言的。但是作为一个教学单位，实际上会有很多人同时在执教一个Studio，那么，怎么平衡这件事情呢？因为很可能，其他老师持的观点和你不一样。

王 对，你这个问题我觉得涉及两个层面。一个是一个教学机构怎么进行教学安排，第二个是教师个人对于专业如何定位。对于教师个人，这个问题刚才我已经说了。对于机构，假如你有几十位老师同时在教同一个课题的话，那你肯定是没法平衡或者统一大家的观念。国外一些院校的经验是，教学机构要委托几位重要的教师，以他们的教学思想为基础，以他们为核心组织团队。有几位重要教师，就有几个方向，也有几个团队。

范 他请过来的助教也必须都是跟他一个思路的。

王 对。但目前我们高校建筑学教学的体系是扁平的。教师都是同事，谁也不是谁的助教，谁也没有团队，所以也就没有这个事情。这样大家就只能从自己个体的角度来做事情。只能求得自己把个人组里的学生带好就行了。

范 在这点上，我会觉得在上海交大，至少在交大二年级我们很幸运。因为我们规模特别小，只有两个班三四十个人，包括同事安排也比较固定，相互适应了很久，目前为止，大家基本上已经可以说是在一条思路上走了；同济是个大单位，而且是一个在"八国联军"基础上发展出的大单位，统一学术观点的确非常难（所谓"八国联军"，是指1950年代同济建筑系初建之时，汇合了来自多个欧洲国家留学回来的教授，因为实力相当，因为身处上海，所以，没有形成国内其他院校常见的金字塔状结构的学术等级体系）。我现在听很多人说到东南的学生，比如说那些在设计院的总工朋友们会跟我讲，东南学生基本功都不错，但是大部分东南学生都很倔，他们会认为，在做设计的时候只有这个是对的，其他是错的，怎么可以这样子呢？当然大部分这样说的都是同济毕业的总

工了，你怎么看这个现象呢？因为你刚才谈的在同济没办法统一观点，你只能以个人角色用一个明确的立场做事，而东南好像整体是有一个统一立场的，这么一个大的公共教学机构持一种统一观点，你觉得好吗？

王 假如一个大的教学机构是有统一观点的，那当然不好。

范 不好！这点我同意你。

王 一个机构中的教员统一立场，不但不好，而且实际上也很难做到。其最不好的是让学生产生建筑设计是有标准答案的这样一种错觉。一个课题的建筑设计也许有一个隐约的答案，但是随着设计人个体性格的差异，结果又会不同。你做的设计跟你的背景、你对建筑的理解有关。你的认识、眼界以及和你这个项目的缘分，所有这些因素的组合才最后造就了这个项目结果。所以设计最后是没有标准答案的。但是要是教师认为有一个标准答案，那课程中学生个体的性格就被边缘化了。无论是真实项目还是课程训练，设计最终还是靠人和项目各个因素之间的一个综合组织关系相互作用形成的结果。设

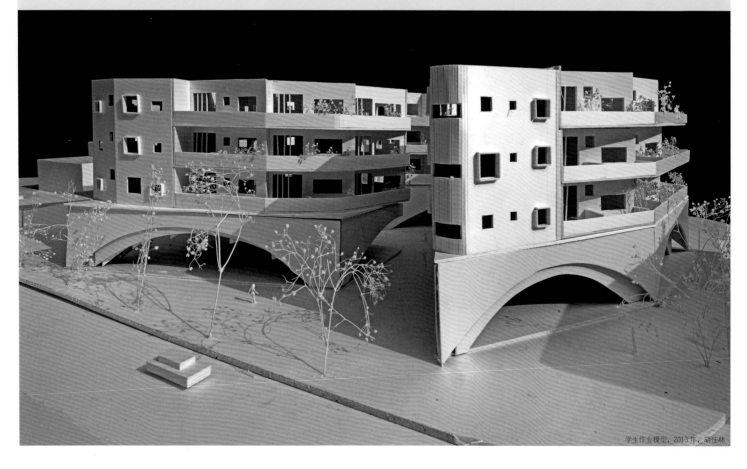

置标准答案或者标准设计路径的想法，会把个人性格的部分缩小，没有将自己性格中的优势发挥出来，也就没办法让建筑设计最后体现出一种让人难以预料的丰富度。当然，这种要求标准答案的方法，仅仅是某些主导教师的做法。有教师这么认为，另外一些教师那么认为，这样的话，我觉得也未尝不可。但是作为一个教学机构，要是整个年级都统一思想，统一地被梳一遍，那似乎有点过头。

假如教学中有 5、6 个方向，让学生自己去摸索，也许某位学生的性格很适应这种教学方法，那就很好；但也许有的同学性格很强，教学中仅有这种强加式的方法的话，那就把他的性格给抹去了。确实是有可能存在这种方法的，但这种方法不应该是通行的。

范 聊到现在，我稍微总结一下。

长设计周的目的是为了设计深度，如何控制设计深度，则取决于执教 Studio 老师自己的学术立场是否清晰，然后，我们又拓展到说，这个清晰的学术立场是应该实现在老师个体单位，还是实现在整个学术机构单位。另外，我觉得还有一个因素如果加进来，会进一步加大整体平衡、统一的难度，就是冯纪忠先生曾说过的，从低年级到高年级的控制度应该是不一样的，就像一个花瓶的形状——收、放、收。这就慢慢涉及到了一个中国现在不同学校的建筑学教育的特色或特征问题。你觉得当下中国各个高校的建筑学教育，以清华、同济、东南这三所学校为例吧，你觉得他们有特色吗？或者他们特色之间有差异吗？

王 清华我不太了解。所谓的特色应该不是学校的特色，而是学校的传承，以及具体执教教师

们形成的特色吧。很多个体的教学方式形成了一个笼统的，大概有些感觉的特色。这最后才是大家感觉到的这所学校的特色。

范 那具体是什么呢？东南跟同济不一样的地方在哪里呢？

王 同济应该是团队比较小，也比较多。团队之间没有很多的统一。建筑观念啊，教学方法啊也比较多。学生暴露在很不同的教学方法及观念之下。到底自己适应怎么样的教学，需要学生自己去琢磨。学习比较主动的学生会更适应这个系统。东南二、三年级的教学团队很强大，教学安排也很认真，对教学体系有追求。二、三年级学生作业的完成度很高、整体感因此很强。对于大多数学生来说，这样的教学模式也是可行的。不管是哪家学校，学生在课程最后除了完成作业外，假如还能有一些延续的自我思考的话，那就最好了。

2013 年 12 月 19 日，实验班课程设计评图

2013 年 12 月 19 日，实验班课程设计评图

教学中的平衡把握

范 访谈前杂志编辑特别提醒我说，王老师在同济学生中可是 Super Star 啊，作为一个没有八卦情结的知识分子的我会这么想这个话题，为什么王老师会 super？肯定不会仅仅因为你认真、负责、高风亮节吧？一定和你教学上的某些独特性有关。

王 我有一位研究生助教，以前我带过她一次设计课，现在她以助教的身份来看待设计课。我问她理解的这两者的区别是什么？她说，上设计课的时候，假如自己拿出什么方案来老师都鼓励的话，就感觉一拳打过去什么反馈都没有，很失落。要是老师只想要他自己心目中理想方案的话，逼着你做自己不理解的设计的时候，又觉得自己连出拳的机会都没有。当了助教以后明白，教学原来是需要有自己的立场，要让

学生把力气用出来，要对他们使出来的每一个招式给予切中要害的回应。

范 我明白你的意思了。也就是说你其实一直在把握一种平衡，这个平衡是你的特点。

王 你要有自己的专业观念，还要尊重学生个人，调动学生的潜力，让学生快乐地进行设计学习。这里面需要一些技巧。

范 这个技巧是什么呢？我和张斌聊过，他和你一起带同济实验班，都是带长周期。张斌说你和他有一个很大的不同，就是你会改图，他说他从来不动手。这个是怎么样一个考虑呢？

王 我觉得改或者不改是个人特点。我个人基本上是按学生的性格及方案特点来决定要不要改图，改多少图。有的时候，有些正确的东西学生暂时不能理解，就需要做一些示范给他们，

让他们举一反三地去做。有的时候有足够的探索空间及时间，那就不动手，留出机会让学生自己去探索。当然，能够不改的话是最好的，这样更可能得到一些惊喜。但在很多情况下这样不是很现实。另外不同设计阶段改图的频率也不同。概念阶段最主要是讨论，基本不需要动手改图。到了最后讨论构造的阶段，往往需要动很多手才能把事情讲清楚。

范 会对着图，明确地跟学生说，这个不重要，那个更重要。

王 嗯，有些地方会花点时间。至于前面说到的对学生学习兴趣的调动，让他们个性得到发挥，这方面的事情是在我跟随几位老师做助教后学到，并逐渐在教学中形成的习惯。在教学中将设计的概念及推进主动性交给学生，做老

师的只跟他们讨论这些概念的逻辑是否清晰准确，前后安排的等级是否恰当。这样，学生能自由地发挥想象，但又因为有老师对其所提的所有意图进行质疑，而不能任性地想怎么发展就怎么发展。在不断回答老师的质疑之中，逐渐掌握以清晰及合乎逻辑的思路推进设计的方法。这种更多地让学生自己去摸索出路的方法，往往能让学生创造出很多让人意想不到的好的解决方案，最后也让老师得到很多惊喜。我刚开始当老师的时候，经常想着一个标准答案，想让学生往这个答案的方向走。那样你是肯定得不到惊喜的。因为学生的意识及背景与老师都不同，从某些方面来说肯定做不到老师想象的那么好。但是从另外一个方面说，他们自己的方法也许同样能解决问题，并把问题解决得更好。

我们的学生真是很厉害，挖掘得当的话，他们能够做出很多出乎你意料的优秀成果。在教学中，我会问学生：你的概念是什么？然后要与学生确认这个概念是否能得到共识，而不是自说自话。然后要确认它对设计中要面对的各个环节是否是积极的。假如经过这些考核，这个概念依然没有问题的话，那即使学生的设

想与你的要求有差别，那也没有理由要求学生改变思想。

范 你的这个感受我在交大上课也时常能体会到。我带二年级设计课时，会把规则定得非常清楚，明确告诉同学这个是对，那个是不对，但那个规则要留出一定的自由度，因此即使规则明晰，结果也依然常常会出人意料。比如说我们探讨形态跟结构互动关系的主题，我就会对学生说，你的放大模型（桥、家具、装置……）必须要做到极限，模型必须要断裂，或倾塌，从而找到设计的局限与机会，这种看上去有强制性的规则，结果往往会令人惊喜。我是在同济成长的，蛮同意你前面一个感觉，同济很多老师会以鼓励学生创造力为依据，规则制定不明确，会说学生这么做可以，那么做也可以。

这样两种路数下来，我觉得可能会培养出两种思维模式，比如规则明晰的同学解决一个问题遇到困难时会死磕，规则不明晰的同学解决一个问题遇到困难时会稀里哗啦想出好几个迂回办法。比较下来，有规则的优势是做事专注，把一个问题逼到极端后会带出真正的新意，而非表面上看去有新意；劣势是，灵活性有时不够，思维不够开阔。

设计实践与设计教学

范 来谈谈你的设计实践吧。记得你曾和我说过，现在对设计实践兴趣很大，那么，你的设计实践和你的教学是什么关系呢？

王 教师是不是要把做实践和做教学认为是同一个东西，假如是的话，又如何把实践与教学结合起来，我认为这是目前国内建筑设计教学上比较重要的问题。目前国内高校中有很多老师都是做实践的。这是非常好的。在实践的过程中自然能够梳理出对建筑问题的认识。

范 从表面上看，中国的建筑学教师的确基本都在从事设计实践，但他们能否把自己在设计行为和设计思考中获得的东西用在教学里，就很难说了。我和你应该都有这样一个基本观点：设计教学不仅仅是一个学术行为，不仅仅是一个单纯的教学，它和设计实践是不是能挂在一起，其实很重要。

王 是的。假如教师做设计是按面积想的，每年要完成很多面积，那也许很难把设计和教学关联起来。即使凭直觉把设计中体会到的某些东西带到了教学之中，也很难得到一个连续、整体的教学思路。我个人的感觉是：每次设计完成后，你都会发现前一个项目中在方法及认识上的很大局限，然后意识到问题的主次，然后你不断地会去想更本质的问题。每次逼到绝路后，通过一些外部参考又发现一些出路。再走到没有退路的时候，又有一些另外的参考让你进一步想清楚这个

问题。我独立做出第一个设计后自己很满意，照片一发表也觉得挺漂亮，但随之出现的想法就是，形态好就行了吗？那时意识到除了形态还有空间，一定要把空间也做得很精彩才行。再做了后面的项目后发现，空间中如果没有和确切的人及事件发生关联的话，纯粹的精彩也是有问题的。这样就感觉到有的建筑师谈的建筑社会性的问题，其实很重要。怎样把社会性的问题作为建筑的主要问题引进，并与设计结合起来，这又成了一个新的话题。这个话题一展开，你发现前面学的好多东西突然显得很无助。这样逐渐到了目前的状态。

范 因为我们是特别熟悉的朋友，我特别理解你这段话，其实是把你教书以来，包括边教书边做实践以来的思考按照时间线索梳理了一下。我印象中你关注空间的秩序，空间的组织模式等问题，应该是你在南京大学跟葛明一起带课时发生的。后来慢慢接触到了坂本一成等一批日本东京工业大学过来的同行，社会性这样的词就开始多起来了，我看到你最近带的菜场设计里面，很明显就跟学生有这方面的探讨。

另外，从设计实践角度看，你会非常有意识地把设计做得有些特点，也会有意识把设计实践和你的思考、你的教育贯穿在一起，这个贯穿你能谈得更具体一点吗？

王 我觉得这个问题可以分经验和社会性两个方

远香湖公园中的公共厕所桂香小筑

面来说。实际项目给了我很多诸如构造和建造上的经验。这些技术上的认识可以在设计课中教给学生。比如，学生设计了一个窗太大，你就可以问这个窗子的开启扇在哪里？开启扇这么大，人怎么开啊？对这类实际问题的讨论就可以逼着学生去设想建造的问题。这些构造知识与他们的设计直接相关，他们也更容易理解。我的这些经验自然也是从实践中学来的。另外一个方面是社会性问题。任何项目都有很强的社会关联。你与业主的共识，你对规范的理解，社会对这个项目应该成为什么样子的一种意图等等。比如那种不一定见得了业主的项目，与那种建筑师可以和业主深入沟通的项目，其最后结果肯定是很不一样的。所以项目做得怎么样，除了有设计的因素外，主要还有其社会性的部分。通过实践，我感觉到这个部分也是建筑非常重要的东西，希望在教学中得到讨论。

范 说到这里，我想起一个事情。前几天，我们系开本科毕业设计动员大会。有老师跟学生说，毕业设计就是要你们跟社会接触了，而不再缩在校园象牙塔里了。我的观点则有些不同，我跟学生说，同学们，你们要把毕业设计作为可能是你在年轻思维最活跃时期，完整实现自我思考的最后一次机会来把握，因为将来你会面临各种各样的现实牵涉因素，甲方的、投资的、规划的……，你很难有机会再把自己的想法完整实现。那你是怎么看待这样一个实践与理想之间的平衡呢？在一个学生年轻的时候，这个专业中到底要学些什么？

王 我觉得这部分的训练可以通过两个方式来实现。首先是设置针对性更强的课题，比如我们设计课上设置一个更加常规的建筑任务。所谓常规就是不是那种很特殊，很标志性，很个别的建筑。这种课程要做一个日常生活中最常见的建筑。这样的建筑由于有太多的先例可供参考，很多大家习以为常的类型可以搬用，社会对它应该是什么样子也有一些基本的认识，还有很多规范来约束它。做这样的课题，学生必须对先例进行考察，对规范以及社会观念进行

梳理。最后，在设计中寻找到既能超越社会普遍观念，满足了规范，又具有更高建筑品质的策略。这样的课题不仅仅是建筑学内部功能、空间及形式的讨论，还有很多建筑社会性方面问题的讨论，因而可以把这个话题引进到教学中。另外一个方式是将课程设想为具有真实业主的项目，让学生意识到做设计不仅仅是自我的表达，也是他们与业主的交往。在表达的同时，也要为别人着想。当他们知道这是设计的一个部分之后，就有了这种建筑社会性的意识。他们毕业以后也不会消极地说我很超脱，我只想设计部分，另外的部分交其他人去做之类的事情。因为这样肯定也是做不好建筑的。有了这个意识，在实际项目中他能主动利用建筑的社会属性，把设计、把社会属性融合到设计中去。这个意识是教学当中能够给他的。

范 我知道你会通过这样一些与实际挂钩的设计，把你的理解通过一种思考过的学术的方式来告诉学生、启发学生。可就我对中国所谓知识分子的了解，大部分中国建筑学教师，他会很庸俗化地理解这种事情，会很庸俗化地向学生传授这个事情。

王 比如说，怎么讲？

范 就是说，哇同学们呀，你们太幼稚了，你首先就要跟甲方搞定关系，你要背会各种规范才能做设计。很多老师会在教书过程中灌输一些奇奇怪怪的事情，会将设计中实际因素的影响，不是转化为一个积极的学术课题，而是转化为一个庸俗的潜规则的事情，而学生现在的判断力，包括他们现在日常获取的信息，说白了，就是一个庸俗+八卦的世界，以及一些不能碰的标准、僵硬答案的底线，因此，他们也会迅速地把这个实际限制问题，八卦和庸俗下去。比如有学生就会说，太学术不实用，能搞定甲方才实用。我个人不认可僵硬学究化，也不认可庸俗被动化，我比较认可一种中间状态，但是这个中间状态很难把握，中国知识分子就这点独立性和认识水平。你有什么办法吗？或者说说你已经知道的办法？

王 因为我现在想的目前只是自己怎么做，你说的这个就有点难，没有想过这个问题。

范 因为我常常会看到我们这些一直在做实践的建筑学老师，用一种过来人的身份，庸俗化地理解实际限制问题，同学们也是庸俗世界长大的人，他很容易被那个带走，因而很快就失去了对这个专业基本的认真、尊重，以及学术地、思辨地来看待我们碰到的实际问题。我觉得学生很容易下滑到那个泥潭里，这个我觉得是很麻烦的一件事情。

王 也许可以考察成果吧。

范 大部分都很烂。所以我才说，我们必须对这个问题认真思考。

王 毕业设计也牵涉到学生的精力问题，他们在找工作，可能也不全是教学方面的问题。我们那边的学生也有类似的情况。学生毕业前有很多杂事要做。不过我尝试，也还是能做好的，因为学生的能量是很大的。我觉得你只要考察他的最后成果，即使很庸俗，但成果很好也没关系。

范 这个我同意你，但是问题是他庸俗化以后成果立马也庸俗、低水平下去。我其实特别同意你前面说的一些话，我觉得这是一个特别有意思的发展空间，它是能够转化为一个积极的学术问题来探讨的。但是现在我还没有看到一个特别好的探讨这个问题，包括在教学上进行传承的好方法。要不就是清高地站在岸上谁都不理，要不就是世俗地一个猛子扎进泥潭进行"跪式服务"，我很少见到一个能把这个事情变成一个很棒的互动的方法。刚才你其实谈到了一些，就是，你要把一种意识传递给学生。那这个意识怎么传呢？能具体讲一讲吗？比如你会不会结合你做的设计案例跟学生分析说，我曾经做这个案子，我原来想这么做，然后由于甲方怎么怎么样，然后就……会有类似的事情吗？

王 一般不太讲自己的设计，因为我的设计不多，难得有几个项目又不典型。但我会从业主真实及具体需求的角度来对学生的方案进行要求。建筑师所做的不是仅仅是个人的作品，不仅仅是建筑师想什么，同时也要想如何让与建筑相关的各个方面都能喜欢这个建筑。多方制约才能得到一个成果。假如老师没有从这种制约的要求去指导的话，那学生常常会说我想要什么就是什么。而项目的设计不会仅仅建立在建筑师的思想上，也不会仅仅建立在某一个他人的思想上。设计是在大家之间找一个关系。

范 你这段话让我想起刘东洋在《建筑师》上写你远香湖桂香小筑公厕的文章，这么小的建筑里你用了那么层次丰富的思考。但是你知道，当我带学生去现场看的时候，我发现做工真是不太好。我也很不客气地对学生说：你们看，王老师一定花了很多心思，怎么做成这个样子呢，那个把手、坡道做工好粗糙呀！你是怎么解决这样一个问题呢？我们面对当下中国，做一个不太一般的建筑，

远香湖公园公共厕所桂香小筑细节

进行很多高质量的专业思考，怎么才能够让这些思考非常扎实地呈现呢？或者说，这些思考是不是应该要依照当时、当地的限制条件展开呢？还是说我想怎么思考就怎么思考呢？

王 不要说做工，有的地方连做都没做对。有一段时间，由于这个项目几个严重做错的地方实在是无望被改变了，我觉得没有必要再盯这个项目，让它做成什么样就什么样算了。但后来我还是改变了主意。中国的小型施工队的工人都是没有经验的，这个项目有 10 个分项目，这个厕所是其中最小的一个项目。施工队本来就小，他还最不重视你这个项目。有人闲就派一个过来施下工，没有时工地就晾着。我每次去施工现场，碰见的都不是同一个工人。我跟工人说，你这么做不对，图纸上不是这样画的。他跟我说他根本就没见过图纸，都是领班随口一说，然后就闷着头做。做错了就砸了重做，

反正也是小项目。你可以想象在这样的现实条件下，你还试图把你的思想精确地放进建筑中去，听上去就不现实。这也正是中国建造现状之可恨与可爱的地方。可恨是他们瞎做，把我们房子很多地方做错了，而且做工太糙；可爱地方在于，只有在这种场合，设计才可能在现场敲敲打打弄弄，并用很长的时间逐渐磨出来。最后这座建筑像是手工捏出来的一样。只要你能坚持盯着，他们做错 10 个，你指出来要求他们改，最后他们帮你改上 5~6 个，这样，这座厕所就造起来了。当时虽然施工错得很厉害，但我们还是决定不放弃它的时候，我想，要是一个概念精致到连一些错误都不能容忍的话，那这个概念可能也太脆弱了。于是我问了自己一个问题：现状虽然做错了，也改不了了，但我最初的概念还在不在？其实还是在的。于是我就很安心地接受了这个事实。

建筑学的价值

范 说到这里，我发现了一个有趣的对比，我个人专业兴趣的转移正好跟你是倒过来的。我原来读书的时候对如何做建筑下了很多功夫，但紧接着，到写博士论文做"上海里弄改造"研究时发现，我们专业其实对社会起的作用，或者说社会性的参与和改造力量非常弱，建筑学只是大社会背景下一个很微不足道的东西，于是对社会学、人文方面产生了很大兴趣，再然后，我又慢慢体会到，社会学、人文的东西，需要很多方面的合力才能控制好，而建筑学专业工作者能真正控制的部分，应该是建筑本身一些东西，也就是所谓的"建筑本体"，这也是专业话语的基本源泉，所以我在交大教学中就特别强调这个方面。

话说回来，你现在的兴趣进入到了建筑的社会性话题，我就会好奇这样一些事情。因为在我看来，影响你关注社会性问题的坂本一成，他的很多设计叙事其实很暧昧，很模糊，很模棱两可，我还是蛮能理解他的模棱两可，因为有些东西你没有办法像解数学题一样，说空间这么做就能产生公共性，那么做就产生不了公共性。那么你对这个，也就是我们建筑学到底在这个领域中，它的力量有多大是怎么理解的呢？

王 曾经有段时间，我也觉得很迷惑。比如一些城市设计，一做就是十几公顷。那人家的影响力可是相当的大。整个城市都受到了你的影响。你做个公共厕所，做个店面能有什么影响？这两种设计完全不在同一个当量上。你也可以做一个城市策略性的研究，用这些研究再给政府一些发展思路进行指导。确实有一些建筑师是这样在影响政府的。政府在你的影响下做的一些很大规模的事情可比你做建筑师几十年的事

情要多多了。这个事情应该怎么想呢？我觉得应该这么来想：虽然说从影响力来说，与建筑学相关的一些事情并没有什么意义，但是为什么要以影响力为唯一标准呢？换句话说，要是我们以影响力为唯一标准来衡量的话，那建筑学就没有存在的意义，也就没有必要存在了。建筑学之所以可以存在，它的价值绝对不是建立在当量上的。

范 那在什么上面呢？我有时候开玩笑说，建筑设计价值其实是在锦上添花，而不是在雪中送炭。

王 我觉得建筑学之所以可以存在，是与大量优秀建筑师的个体行为的叠加相关的。很多建筑师用他们对专业的深入认识，以及职业的技巧，在所给定的条件之下，将建筑设计做到一个非常极致的状态。这种贡献是从事那些大当量工作的人员无法替代的，是这种贡献支撑了这个学科，并让它存在。

假如你一个设计出来可以被用，那你的设计合格了。但你做的东西除了能用，还能与环境结合，能有积极的空间关系，那就是良了。但怎么做才能到优？这个学科最核心的应该也是对达到优的方法的探索吧。当然，要达到优，除了专业内的认识外，你也不得不对与建筑相关的整个事情有个总体的认识。你又离不开更宏观的那些东西。这时候又需要对其他当量的事情有意识。你要有总体的认识，同时要有对专业内知识深入的思考及实现思考要求的技巧。只有有了这样的既开放又深入的意识，你对这个学科才有贡献。这个学科也因为这些贡献才得以存在。否则城市设计把城市都可以定掉，像日本的施工企业那样的单位可以把建造都处

理得很到位，建筑学确实不需要存在了。

范 我理解下来，你的意思是说，作为专业工作者，要在自己的专业能力和技巧范围之内，做到足够深的思考，而且要把这个思考达成专业上一个比较好的结果。

王 思考的结果可以在很大程度上影响设计。当然最后需要用造出来的建筑来体现。

范 嗯，要造出来。你好像很在乎要（实体）造出来这件事，在这点上我是有不同看法的，当然今天我们不用在这点上展开。

王 要做出来，你不能光说。另外一个，当然，对于我们老师来说，从教学当中，你怎么反映这种思想？

范 也就是在说，作为老师，要承担给学生教导一种价值观的责任。因为我明显感觉到，早期你和葛明在南大合作带课时期，主要是关注空间秩序，关注案例解析，其实没有特别明晰的价值观，更多的是专业方法、专业技巧的传授。而现在，就像菜场这个课题，是一个很真实的社区环境中的菜场，就会触碰到我们刚才谈到的社会性话题。我觉得其实是更明确地包含了一个价值观的引导，或者是潜移默化的引导，是这样吗？

王 是的。

2013年11月11日，实验班课程设计中期评图

关于实验班

范 你现在是主持同济实验班对吧？

王 主要是做建筑设计课程的一些安排事情吧。

范 是的，我们就是谈设计课程的教学。好像是各个专业的学生都可以来报这个班，还有很多外来建筑师带设计课？我们现在都该怎么称呼这些建筑师呢？

王 明星？

范 好，明星建筑师。这是一件很有趣的事情。你是一个明星设计师、明星老师对吧！其实将来学生从事工作的方向，的确会有两个路径：一种就是所谓的明星路线，另一种就是接地气的普通商业建筑师。中国人价值观里爱分高下，好像明星比商业高，但从我个人专业判断来说，大批量的普通商业建筑师和明星建筑师其实都一样，只是二者承担的对专业、对社会的责任不同。小圈子的明星建筑师和大圈子商业建筑师，各有买家、各有擅长，各自都可以总结出对专业有意义、价值的东西，明星建筑师应该在专业中起到先锋、探索作用，创作优秀作品，商业建筑师应该生产高职业化水准的优质产品。每个从业者，其实都可以从各自天份兴趣、收入预期、社会预期、生活状态，来选择自己的道路。

很多人称"实验班"为"大师班"，这其中下意识就包含了传统价值观里"大师"比"小师"好，我前面说了，我认为"大师"与"小师"其实是平等的，只是类型不同，所以我认为这个班成立的逻辑有些奇怪，是不是暗含了中国的比试呀、阶层呀这样一些东西。你是怎么理解明星建筑师和这种大批量的商业建筑师的，包括他学习的倾向、训练的倾向，有什么不一样吗？你是在实践中才慢慢知道自己适合什么，还是很早就知道自己要走一条明星建筑师的路子？

王 我们这样的学校培养出来的学生90%以上是大企业中的职业建筑师，10%以下也许是自己

2013年11月11日，实验班课程设计中期评图

独立运营公司的建筑师。这个班最后培养出来的人应该也差不多是这样吧。假如它有什么不同，最主要的应该还是这些实践建筑师们把当下实践中得到的最新思考带进了教室，并通过课程与学生进行了交流吧。大多数职业建筑师都很好地完成被委派的任务。绝大部分任务也没有机会进行太多的思考。建筑师有个习惯，按习惯操作就能把它完成得很好。那是很不错的。另外一些建筑师可能利用项目不断地进行与当代中国实践相关的思考。

关于成长

范 你虽然在同济教了那么多年了，但我还是觉得，你是重建工出身的，而且是特定年代的重建工人。我会觉得你们前后那几届的同学都很有意思，因为我们级数差不多，明显地觉得和当时的同济是不一样的。

王 我感觉我们那个时候被关在盆地里，感觉很封闭。

范 封闭会有两种可能。一种是说一堆人，在封闭的环境里，外在信息很少，所以，他必须拼命从自身角度，寻找自己、培养自己，最后发展出一堆个性鲜明的人；还有一种就是，大家一起封闭，变得一群人面貌模糊都没个性，都

差不多。你们那几届几乎人人个性都特别鲜明，属于我说的第一种。你能描绘一下你那个时候重建工和现在有什么不一样吗？学习的气氛，包括气质，大家普遍的追求等。

王 当时和现在很难比。环境不一样了。当时学生眼睛里只有校园。好建筑也没见过。所能见的就是类似日本《新建筑》里发表的一些建筑，那里面的建筑感觉完全是另外一个世界的东西，与我们自己一点关系都没有。

范 你们当时有一本学生杂志叫《建卒》，会由学生主动寄到各个学校。寄到同济时我一看，真是牛呀！我觉得那本杂志对我们那个年代的

建筑学学生影响很大。那么闭塞的地方，好钻研呀，好深刻呀！

王 最大区别还是和现在人的心态不一样了。也许因为很封闭，当时的学生有一种理想主义的情绪。现在我们这个年龄的人大概都还有一些这种情绪，会认为建筑应该是一种理想。现在学生应该很少会有这样的认识。现在的学生不同个体应该都有很不同的理想，不会都有一种近似的理想。而当时的社会似乎暗示你，学了这行就应该要有对这行的理想，觉得只有这才是唯一的正道，没有的人就似乎不走正道似的。想起来也是有点好笑的。

教学与研究

范 还有一个重要问题要问，在好的本科的教学里，我先不管交大怎么样，但交大的学生是一流的，我先不管同济的学生是不是一流，但你的建筑学是一流的。那么在这样的好的教学单位里，设计教学在让学生学会一套已经有的东西以及探索新东西之间，这个比例怎么控制？这个问题你怎么看？

王 最初我带设计课的时候是比较重视案例研究的。在课程中经常会以案例为线索展开。这应该就是你说的对已经有的东西的学习。现在我越来越少地在课程教学中利用案例，因为我感觉到用案例为线索进行教学，会把学生限到一些框框里去。而不给他们太多的依靠，让他们在得到命题后自己想办法找资料，自己去探索，效果也许更好。这样探索的比例就被放大了。当然，在实际教学中这部分越放大，教师需要面对的头绪也越多。假如你组上有10位学生的话，那你就有可能要面对10个不同的话题。每个话题都要按教师的专业知识背景去进行理解，并试图找出它们的潜力。处理这个问题时，我个人的方法是，我可能会按学生的概念在心里做一个方案。有了这个方案，知道设计是可以做出来的，不会最后做不出来，心里就有了个底，但是这个方案只是保底用的，不需要告诉学生，只是在指导的时候知道如何引导。不过告诉了也没用，告诉了的话，学生也不会做到你想象的那个样子。他们有自己的意图，应该做得比你想象的更好。老师自己做过以后，知道学生的概念做下去以后有哪些优势，然后就可以很清晰地去分析这个概念可以从哪些角度去发展，要避免哪些事情。而具体的发展就是学生自己去探索的那个部分了。一旦他开始

探索，老师又要督促他坚持自己的概念。结构也好，空间关系也好，城市组织关系也好，都要从这个概念的角度去想。这么多因素要与概念产生关联，并将它们结合进设计，确实很难。但既然这个概念肯定是能做出来的，那就逼着他去把这些事情一个个都想清楚。碰见实际问题他也可以自己去查书，去想办法。我觉得学生的探索是以某些方式展开。在有解决实际问题需求的时候去探索，结果非常有效。他要什么给他什么反而效果不好。

范 我说的探索，除了你前面说的怎么让学生更有效地找到一些标准答案里头没有的解决方法外，从我的理解还有这样一层意思，Studio教学这件事情按照顾大庆老师的说法，它可以变成一个学术性研究行为。比如说，你刚刚谈到的学生，必须逼着让他主动地找到一些新的解决方法，但好像还不能称为学术研究吧？因为学术研究意味着要为这个专业带来一些新东西，不是为你个人，而是为整个专业，那这个问题你怎么看？

王 我们这个专业很庞杂，有很多不同角度的研究方向，建筑历史与理论、结构构造、可持续、数字化设计、行为心理、城市设计、建筑技术等等。每一个研究方向都可以做得很深，很有贡献。但是相对比较核心的应该是设计。

范 评判它好坏的标准是什么？

王 我觉得标准是这所学校毕业生的设计做得好不好。假如一所学校教出来的学生出去不会做设计，那从很大意义上看，他的设计教学没有成功。他的其他研究再深入，那也很难说是一所好的培养建筑师的学校。很多相关研究都是可以与设计结合起来的，结合得起来就为核心

内容做了贡献；结合不起来，从学科的角度来看，那就是比较边缘化的行为。现在很多学校的团队比较大，学生也不知道该怎么选自己应该去学的东西，跟谁学。他们只能在浑沌之中隐约找一个出路。

范 当下国内高校一刀切的重科研、轻教育的导向，对其他专业肯定会带来负面影响，但对于建筑学专业而言，则几乎是根本性伤害。现在进的新教员，按照标准，只能向建筑技术方向靠拢，都不怎么会做设计，怎么办？这是个很大的问题。按照现在国内高校管理体制，标准一定是往研究方向倾斜，虽然同济独大，但我知道你们也面临同样的困境。我觉得这对建筑学是一件很倒霉的事。当初剑桥大学就曾想把建筑学专业废掉，因为在研究排行榜上拉了剑桥大学的后腿，直到剑桥建筑校友到大学去抗议，好不容易才保留下来，但保留下来的条件是必须迅速扩大他们的技术研究分支。薛求理说建筑学要想真正有自己的特色，私立学校应该是条好出路，出现一大批不同特色的私立学院。

王 建筑学需要工科背景的支持。目前教得比较好的学校，其实很多还是工科学校。这个跟招生有关，跟学校氛围也有关系。比如ETH是造桥背景的学校，在这种技术的背景下他们的教学反而冒出来了。那些艺术背景的学校冒出来的比较少。东京工业大学也是从技术学院发展出来的，有很强的技术背景。他们的建筑与结构是在同一个学院里的。我们的结构与建筑分得太开，对双方都没好处。

范 好吧，这一点我们交大还好一点，我们是在一个学院里。

王 那你们很有发展潜力。**END**

施塔德尔艺术博物馆整修与扩建
EXTENSION OF STAEDEL MUSEUM

摄　　影	Norbert Miguletz
资料提供	schneider+schumacher
	德国施耐德+舒马赫建筑师事务所

地　　点	德国法兰克福
建筑面积	扩建4 151m², 整体24 726m²
设　　计	schneider+schumacher
	德国施耐德+舒马赫建筑师事务所
主设计师	Michael Schumacher, Kai Otto, Till Schneider
建造时间	2008年3月~2012年2月

解读

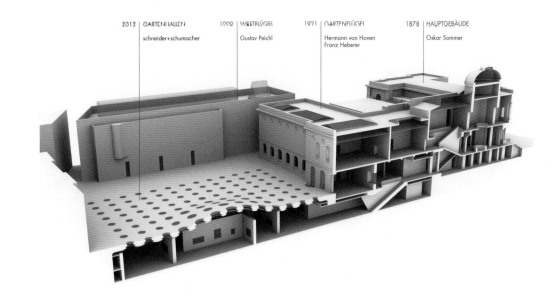

2012 | GARTEN | | ALLEN
schneider+schumacher

1990 | WESTFLÜGEL
Gustav Peichl

1921 | GARTENFLÜGEL
Hermann von Hoven
Franz Heberer

1878 | HAUPTGEBÄUDE
Oskar Sommer

1
2
3

1 外景
2 改扩建历史进程示意图
3 草图

施塔德尔博物馆的整修与扩建项目是国际建筑界享有盛誉的 schneider+schumacher（德国施耐德＋舒马赫建筑师事务所，以下简称s+s）的近作。s+s 由米歇尔·舒马赫（Michael Schumacher）教授和堤尔·施耐德（Till Schneider）合作创办，总部位于法兰克福并在奥地利的维也纳、中国天津以及巴西的里约热内卢设有分部。其设计秉持"可持续发展的是持久而美丽的"，追求"简约和完美，严谨和创新，经济和持久"。从著名的东西德统一纪念馆开始，26年来其设计足迹遍布世界，超过150项的建筑和城市规划项目竣工，无数产品设计项目相继问世，并获得超过100个设计奖项。在此次施塔德尔博物馆的整修与扩建设计中，他们同样遵循了"好的建筑应该是让人乐意逗留其中，并且标志其个性"的宗旨。

s+s 将20世纪初完成的花园侧厅与建成于1878年法兰克福美术馆街上的原建筑首次连接起来。与时下的各种加建工程不同，加建的博物馆主体完全坐落于地下，在原有的施塔德尔花园下规划出了一个十分充裕的建筑空间。新馆的入口处于原展馆靠近河边的主入口中心轴线上，从主馆两侧的休息厅进入到达梅茨勒厅，位于达梅茨勒厅后方的楼梯就是新馆的主入口，它将会引导你进入地下3 000m²的展览空间。

看上去无重力并且优雅弯曲的顶棚横跨整个展览空间，使新馆充满个性。镶嵌在顶棚上的195个直径在1.5m与2.5m之间的圆形天窗，让地下展览空间充满自然光，也使得地上花园展现出迷人的地貌。俯瞰花园，略微突起的绿色穹顶，点缀着规律排布的环形天窗，承载人的同时赋予施塔德尔花园独特的外观，也为博物馆创造出新的建筑标志。竞选评委是这样评价新馆的："法兰克福得到的不只是一个全新而独特的展览建筑，同时也得到了一座非常贴

合于时代的'绿色建筑'。"充裕而宽阔的、充满阳光的新馆将成为博物馆当代艺术展区的新家园。

最早的施塔德尔博物馆于1878年由奥斯卡·索默（Oskar Sommer）设计，原有历史建筑的内部、美因河侧厅、沿美术馆街围绕着一条中轴线组织起来。第二期建筑在1921年添加了两个花园侧厅，在延长轴线的同时仍保持索默的原概念。考虑到这份悠长的历史，只有维持该既有原则才显得自然，并将该轴迹沿中轴线延伸到梅茨勒厅，进入新展览空间。最新加建部分将门厅归入原有建筑，并赋予其中央楼梯特殊的意义。山墙弧面开向博物馆主门厅的左右两侧，将参观者引至花园侧厅内的梅茨勒休息厅。这使梅茨勒休息厅成为附加的展览空间，并发挥活动现场的作用，目前加建的展览主体空间与梅茨勒展厅一起，展示托马斯·戴芒德（Thomas Demand）最新装置作品。

新馆室内以其充沛的光照而醒目，圆形天窗给人以空间明亮、轻纱之感，于"老"房间亦不遑多让。这些开口也包括一个遮阳系统，扭转直射阳光，同时暗视的功能可将日光悉数屏蔽。环境照明整合进顶灯，单体的出口保证了单个展品照明上极大的灵活性。室外地表的鼓起，充满诱惑的同时又显得自然，在提升施塔德尔博物馆的建筑个性上功莫大焉。单就一个绿色穹顶，就丰富了原有博物馆建筑群。建筑师成功地将现有建筑分隔同花园做了偏移，通过将空间轨迹伸至花园，为博物馆的休息厅创造出些许延伸。一条沿地面的路径揭示出理想的休息处、雕塑、休憩区，以及举办活动的空间。施塔德尔博物馆与施塔德尔艺术学院之间的建构关系上，花园区域的新设计也将发挥有益影响。因s+s的建设而得以现代化的施塔德尔艺术学院，为花园侧厅的南立面提供了一

个绝好的对应物。在新形式中，花园从收藏艺术的建筑跨出，迈向创造新艺术的庭院。博物馆、艺术学院、图书馆、活动厅和花园形成了文化互动的交点，为捐赠者们前卫的精神创造了完美的表达。

热量交换器（下钻90m的地热）的地下能量储备平衡了因季节变化而不同的博物馆能量需求，同时热泵通过可再生能源，使博物馆达到全部供热及一部分致冷的需求。规划的通风系统不只让新建展厅降温，也为之增湿和除湿。配以高效热恢复设备，墙体里的散气口也可以向展厅充入空气。技术配件布置在展厅相邻的控制室内，密集的地下构筑、供热致冷用的能量储备单元与大型内部储藏室一起，在最小能耗的同时，最大地优化效率。END

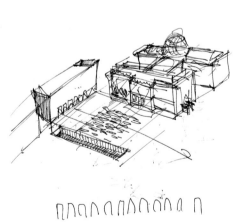

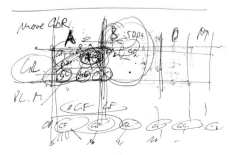

89

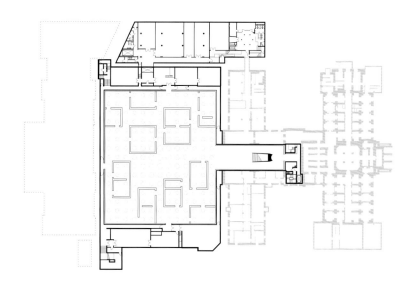

地下一层平面

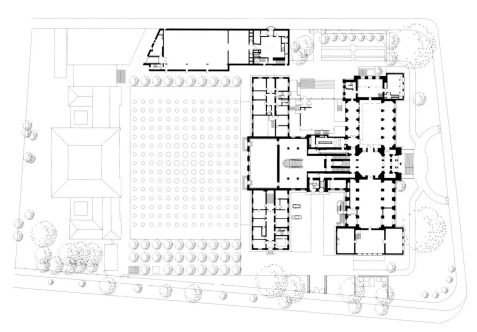

一层平面

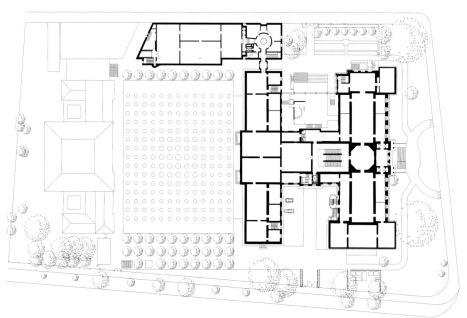

二层平面

0 2 5　10　　20

1　平面图
2　外景
3　圆形天窗剖面图
4　新馆室内天窗

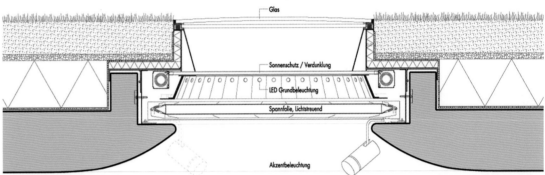

Glas
Sonnenschutz / Verdunklung
LED Grundbeleuchtung
Spannfolie, Lichtstreuend
Akzentbeleuchtung

1	3
2	4
	5
	6

1-2 新馆主入口

3 剖面图

4-5 参观者在空间中的活动

6 楼梯

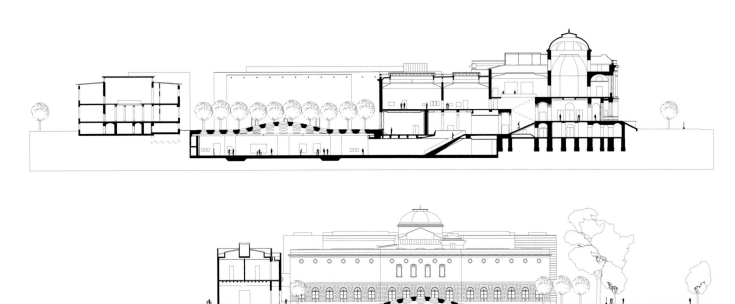

上海国际汽车城东方瑞仕幼儿园

KINDERGARTEN IN SHANGHAI INTERNATIONAL AUTOMOBILE CITY, ANTING, JIADING, SHANGHAI

摄　影	苏圣亮
资料提供	致正建筑工作室
地　点	海市嘉定区安亭镇博园路以北，安研路以西
建筑师	周蔚、张斌（致正建筑工作室）
设计团队	袁怡、孟昊、李姿娜、王佳绮、潘凌飞、张展
合作设计	上海江南建筑设计院有限公司
建设单位	上海国际汽车城(集团)有限公司
施工单位	上海万恒建筑装饰有限公司、上海豪成装饰有限公司
面　积	11 050m²（基地面积）；4 085m²（占地面积）；6 342m²（建筑面积）
结构形式	钢筋混凝土框架结构（局部钢结构）
主要用材	涂料、平板玻璃、烤漆铝板、穿孔铝板、铝型材、铝镁锰板、型钢、塑木板
设计时间	2011年4月~2013年3月
建造时间	2012年5月~2013年8月

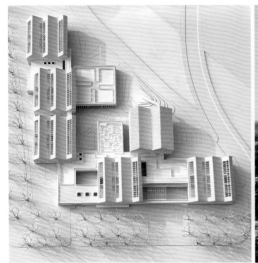

"天空之城"

作为上海国际汽车城的教育配套项目，东方瑞仕幼儿园位于一块两侧临路，一侧临河的不规则三角形场地上，周边分布有高标准的住宅区、研发机构和高尔夫度假酒店，基地东西两侧住宅区的跨河联通道路在基地北角穿过。

与国内一般3层为主的幼儿园模式不同，相对宽裕的场地面积让我们有机会尝试去做一个带有丰富户外空间的2层幼儿园。这既是对于场地条件的充分回应，也是对于如何在规模偏大的幼儿园建制空间中让幼儿更自主、便利地与自然接触的主动探讨。同时，相对于一般幼儿园中与当代中国城市生存经验普遍同构的盒子般的内部空间体验，我们更希望为幼儿创造一种更接近人类原初生存经验和空间原型的内部感知，让他们在这样一种富有启发性的空间环境中更有想象力地成长。

所有日托班、管理办公、后勤等功能用房都分布在一个沿东、南两侧道路展开的相对规整的L形两层体量中。主入口开在东侧道路上，由一个内凹的带有玻璃雨棚和大树的入口庭院过渡到门厅空间。底层由一条居于L形体量内侧的蜿蜒宽大的长廊串联所有空间，南翼是一字排开的五个托儿班，带有各自的分班活动场地，并在西侧尽端通过一个架空的活动空间与集中活动场地相连；办公部分在东南角，配有一个内向庭院；而后勤部分在东翼北段。整个L形体量的底层成为一个基座平台，二层的10个幼儿班是5个两两一组的单元体分布在基座上：南翼的3组紧凑布置，以北侧的曲折短廊相连；东翼的2组南北拉开，以居中的一字长廊相通；单元体之间都是绿化屋顶或活动平台，而东、南两翼之间通过办公部分上方的屋顶花园联通。每个单元体都由配有居中内凹双侧天窗的连续坡折屋面覆盖，并在北侧的屋面内整合了空调及设备平台。这样的特殊设计使幼儿班及走廊内都高敞明亮，每一组双坡屋面都对

应了班内的活动室、卧室或卫生间，使幼儿在大进深的班级内部有一种居于屋檐下透过天窗光庭对望不同空间的屋顶和天空的奇特感受。这种感受首先和人类原初的居家及在家的屋檐下获得庇护的安定感有关联，这种安定感来自对于自身所处时空位置的最大限度的肯定和把握；同时这种感受又和聚落聚居的人们在安定的基础上寻求自由和交流的愿望相联系，可以启发幼儿在空间中的探索和发现。这就像我们的心灵可以安坐其中，思绪却能飘向上空，神游般地看清楚自己的躯壳。

所有的公共活动空间，包括室内泳池、多功能活动室和6个专题活动室三部分，成为从主体量中向延河方向自由伸出的3个相对通透的单层体量，它们之间及外围与河道之间形成一系列形态各异的绿化及活动庭院。3个体量层高各不相同，屋顶成为高低错落的3个带有绿化的活动平台，其中泳池屋顶的活动场地是一个高敞的、由半透明穿孔铝板包裹的虚幻的与二层单元体同构的"房子"，内部布置充气的悬浮云朵、各型户外玩具和大型盆栽绿化，成为一处带有梦幻色彩的抽象的城堡，我们称其为"天空之城"。这些沿河一侧的地面及屋顶的户内户外活动空间成为屏蔽了交通干扰、景观优越的公共交流空间。

L形的主体由银灰色的金属屋面及涂料墙面组成轻盈的背景，各种营造水平视野的长窗带、以及内凹窗带洞口侧边的色彩处理成为立面上的认知重点。公共活动部分的竖向窗带及其由穿孔铝板包裹的彩色窗间墙共同营造了通透、柔和的效果，模糊了建筑体量和环境景观的界限，并以那个虚幻的"天空之城"以及其中透出的多样童趣作为沿河一侧的空间焦点。室内设计在墙面及顶棚上延续了浅淡的色彩处理，同时大量的枫木表面隔断和橱柜也增强了空间的温暖感。◨

一层平面

1	门厅	9	早晚护导	17	观察隔离	25	沐浴更衣
2	庭院	10	厨房	18	办公	26	水泵房
3	多功能活动室	11	嬉水池	19	幼儿活动室	27	配电间
4	会议室	12	设备间	20	卧室	28	儿童厕所
5	值班室	13	网络控制	21	进餐区域	29	成人厕所
6	图书资料室	14	财务	22	打印室		
7	热泵机房	15	仓库	23	材料储藏		
8	教工餐厅	16	晨检	24	活动教室		

二层平面

1 卧室
2 进餐区
3 幼儿活动室
4 天窗
5 入口上空
6 庭院上空
7 分班活动场地
8 储藏
9 儿童厕所

西南侧外观

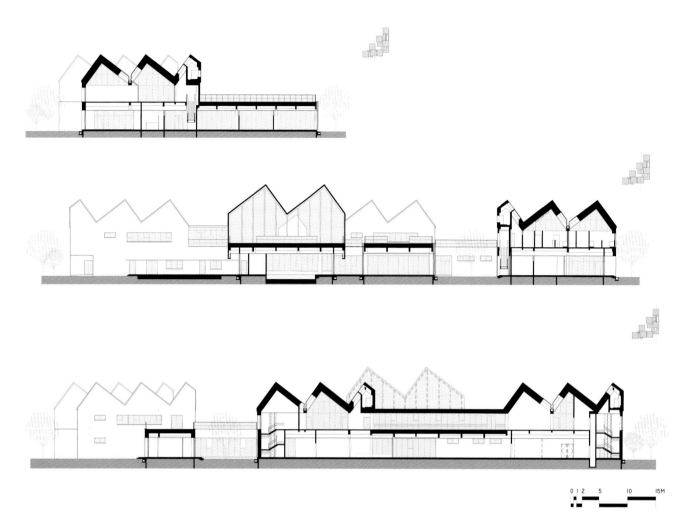

| 1 | 3 |
| 2 | 4 |

1　剖面图
2　"天空之城"西侧外观
3　连廊外观
4　东面主入口

| 1 | 2 | 4 |
| 3 | | |

1　一层南面走廊
2　色彩
3　一层走廊
4　二层走廊

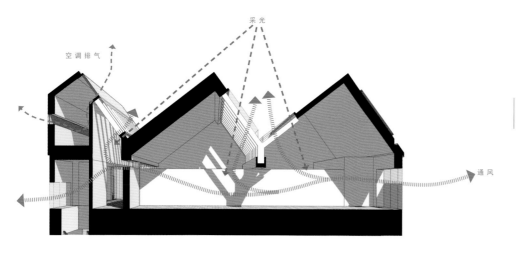

空调排气

采光

通风

韦尔比耶 W 酒店
W HOTEL, VERBIER

撰 文	银时
摄 影	Yves Garneau
资料提供	concrete建筑师事务所
地 点	瑞士韦尔比耶
占地面积	14 200m²
室内设计	concrete建筑师事务所
建造周期	36个月
开幕时间	2013年12月1日

于2013年12月开幕的韦尔比耶W酒店是W酒店首家滑雪度假酒店，这是W酒店15年不断创新之路的又一里程碑。它坐落在瑞士西南部阿尔卑斯山下的瓦莱州村落中，旅客可以直接乘坐缆车抵达，旁边就是著名的滑雪场。

从创立伊始，W酒店品牌一直秉承着不断创新的理念，如今韦尔比耶W度假酒店的开业也印证了这一进程的延续。来宾一进门，就会发现大堂一改传统事务处理型的刻板形象，打造以鸡尾酒文化为中心的W酒店活色生香堂；引入W Happenings热门活动，通过提供一切围绕设计、时尚和音乐进行的热门活动，使酒店成为文化中心；全新诠释传统酒店词汇，以展现其品牌主张，比如健身房称为FIT——"有型"健身馆，以及泳池露台更名为WET。

W酒店由4个传统的木屋风格建筑构成，并由巨大的玻璃中庭相连。瑞士著名的concrete建筑事务所操刀这座W酒店的室内设计，其设计从连绵的阿尔卑斯山势和滑雪板划过雪山留下的如雕如琢的美感中获得灵感，并融入了火焰这一元素，设计师希望室内设计与周遭的雪地景象形成鲜明对比，给来客留下深刻的印象。

整个酒店内部空间充满现代感，鲜亮的色块撞击出张力和活力。当旅客走近酒店，从室内就能看到入口处一座6m宽的壁炉，熊熊烈焰与室外冰天雪地的景象产生了强烈的对比，立刻吸引住人们的视线，让人感到扑面而来的暖意。壁炉这一元素也被运用在酒店各个功能区和123间各具风格的客房中，在高山雪景的映衬下，更强调出室内的温馨。

酒店一层包括迎宾区、按照"客厅"理念打造的活色生香堂、吧台以及阶梯大厅，在这一层"打破常规"的手法令人处处可以发现惊喜。迎宾区位于整个大堂的右侧，服务台是由天然石材、黄铜、透光大理石制成的雕塑立方体，富于艺术感。从迎宾区往下走几步，通过"随时/随需"提供服务的礼宾部办公桌，就来到了色彩艳丽的living room——活色生香堂，与传统的事务处理型大堂布置不同，这里更具舒适放松的客厅氛围。设计师选用木材、皮革、毛毡、羊毛、毛皮等自然材料，希望来宾可以在这里更自在地活动。10m×3m的大木块打造的座椅大气十足，不同大小和颜色的木盒灯饰悬挂在顶棚，与座位形成呼应。黑色和银色光泽的材料与空间的主色形成对比，带来视觉上的丰富性。身体感官上的舒适感，令客人在此得以真正放松。活色生香堂尽头处是吧台，这是个一天之中任何时间都可以找到乐趣的地方。从早餐到彻夜狂欢，人们在这里相遇相识。墙面装饰着瑞士山峦的抽象画，沉稳的黑白底色加上温暖的跳色红色，映衬着前方巨大的"冰桌"，再次强调了"冰雪"主题的呈现。

挨着活色生香堂，在其中一个连接4个木屋建筑的玻璃中庭里的，是整个酒店的亮点——阶梯大厅。玻璃中庭外，壮美的雪山景色高低起伏，与室内的阶梯互相映衬。舒适的长椅分布在层层阶梯上，人们可以在这里欣赏无敌山景，度过一段惬意的时光。阶梯下方，一个象征着瑞士风情独具的铁路系统的红色隧道通往韦尔比耶W酒店的奢华高端酒吧"Carve"。

"Carve"是一个人们可以在经历了白天的满满行程之后，享受一夜轻歌曼舞的地方。它藏在山体中，只能通过红色隧道进入。整个墙面和座椅表面以及部分顶棚覆以黑色皮革，宽窄不一的座椅与顶棚参差不齐的饰面形成呼应。顶棚中央，一大片凸面镜重重叠叠地映射出空间中央舞池区的景象。

餐厅位于酒店二层，从中间被分为Arola和Eat Hola两部分。中央的展柜放置着不同形状的瓶子，里面是不同颜色的橄榄油和醋，在明亮的灯光下，形成了一个多彩的西班牙厨房"液体王国"。餐厅由米其林星级西班牙主厨Sergi Arola主持，Arola比较正式，更适宜社交，还带有一个面积不小的室外观景露台。Eat Hola感觉上较为含蓄和私密，25m长的木制tapas吧台正对着开放式厨房，提供各式tapas小吃和饮料。值得一提的是，在餐厅中，不仅能享口福，墙面上大幅的荷兰摄影家Marcel van der Vlugt作品还能令食客们一饱眼福。

三层包括spa、洗浴和健身区。人们可以在Away Spa让身体彻底放松，或者去Fit健身房练练肌肉。通过饰以白色天然石材的明亮的接待区，人们进入Away Spa，越往里走，光线也越来越幽暗，让人们的身心也不自觉放松下来。在更衣室更衣后，人们可以在公共的功能区选择土耳其浴、按摩浴池、桑拿等。在这一区域，曲面、有机的形态和暗色调石材成为了空间的主角。这场休闲之旅止于spa最私密和放松的环节——椭圆形的治疗室用黑色和温暖的黄色渲染出神秘和安全的气氛。人们从暗到亮，重回接待区，并可以由此展开一段泳池夜游。在星空下，在雪山环抱中，Wet泳池露台从室内延伸到室外，让人全身心投入自然。 END

1 迎宾区
2-5 活色生香堂
6 活色生香堂吧台

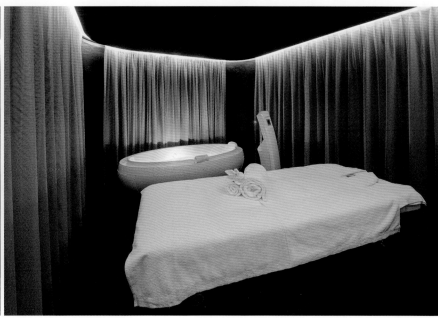

1	5	6
2	4	7
3		

1	Away spa 入口
2	土耳其浴
3	按摩浴
4	冲洗区
5-6	治疗室
7	Wet 泳池

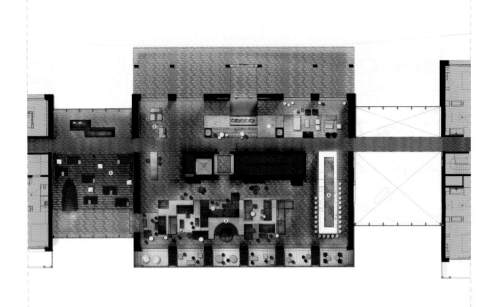

一层平面

1 阶梯大厅
2 迎宾区
3 活色生香堂
4 吧台

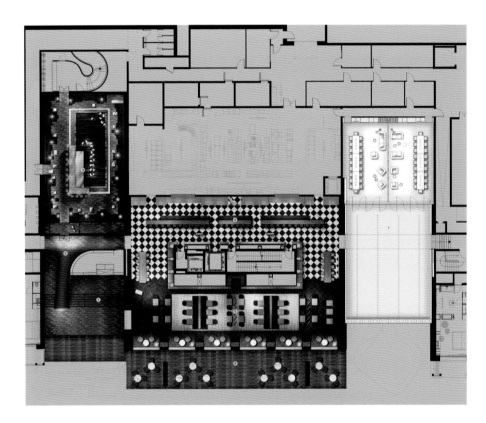

二层平面

1 阶梯大厅
2 通往 Carve 吧的入口
3 Carve 吧
4 Eat Hola 餐厅
5 Arola 餐厅
6 Arola 餐厅露台
7 白色大厅及会议室

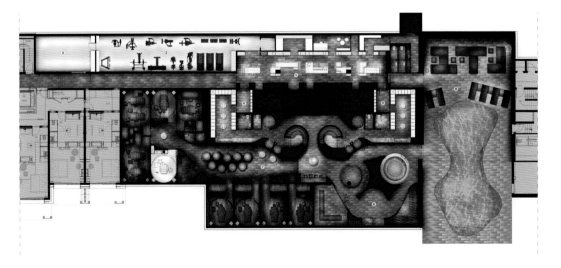

三层平面

1 接待区
2 健身室
3 瑜珈室
4 男更衣室
5 女更衣室
6 洗浴区
7 治疗室
8 泳池及露台

李兴钢：
建筑的存在与信仰

撰　文 ｜ 徐明怡
图片提供 ｜ 李兴钢建筑工作室

建筑师，工学博士。

1969年出生，中国建筑设计研究院（集团）副总建筑师、教授级高级建筑师、李兴钢建筑工作室主持人，国家一级注册建筑师，天津大学客座教授，清华大学建筑学院设计导师。

1991年毕业于天津大学建筑系，1998年入选法国总统项目"50位中国建筑师在法国"在法进修，2012年获得天津大学建筑设计及理论专业博士学位。

ID =《室内设计师》

李 = 李兴钢

梦从这里开始

ID 您这辈的很多建筑师从小都会有些文艺情节，喜欢画画，或者出自建筑世家，您的小学中学时代是怎样的呢？当时报考大学的时候报的是建筑学吗？

李 我并不是出身在建筑世家，家里也没有这方面的背景。小时候个头不高，文文静静。学习成绩还不错，每次考试都是名列前茅的，不大让父母操心。高三毕业考大学时，对设计和艺术方面的学科比较感兴趣，所以，第一志愿选了建筑，第二志愿是服装设计，最后，高考考了县里第一名，进入天津大学建筑系就读。

ID 您前面提到，考大学时也报了服装设计，为什么会报建筑与服装这两个专业呢？

李 那时候，我只是知道建筑学并不是去工地施工，是学习设计房子的样式的，而服装设计也是设计服装的样子的，那时候根本不知道，设计还与空间、材料、质地等等这些相关，对他们的真正认识都是以后的事情。

ID 能说说当时对建筑学的认识是怎样的吗？

李 我读书的时候，听说过梁思成。印象中，建筑只是与艺术有关的专业。不过，7岁那年，我的家乡唐山发生大地震，虽然那时候年纪还小，我们那灾情不算严重，对地震的印象也并不算深刻，但是地震的后续效应却影响了我很多。因为地震导致很多房屋倒塌，当时有很多地方组织关于地震知识的竞赛。我记得高三那年，参加了县里举办的地震知识竞赛，为了一道"墙倒屋不塌"的题目，与父亲研究、分析居住的房屋结构的抗震特点，发现屋顶是用木头柱子支撑的，与房子的砖墙面是没有关系的，这结构就是中国传统建筑的框架结构，也是木构建筑的特点，能从容地抵抗地震所带来的破坏，而我也因此在竞赛中获得了一等奖。这时，我发现，设计和建造房子其实也是有智慧的，夯基础、架梁、做屋顶……这些都是劳动中很有意思的那种感觉。不过，对建筑真正的认识还是在上了大学以后，才有了比较系统的了解。

ID 您的本科时代是如何度过的？

李 在我看来，那时候四大院校（即清华大学建筑系、东南大学建筑系、天津大学建筑系和同济大学建筑系）的教学体系非常相似，其中，最根正苗红的是东南大学。我们的课程体系都是来自布扎（Beaux-Arts）体系，大家都是在这个基础上进行建筑设计的训练。但是到了我们那个时候，已经开始受到一些新的影响，有了些新的内容。比如立体构成和一些现代建筑的影响。那时候，后现代、解构主义的案例和理论已经被引入中国，但这些都不在正常的课堂教学里出现。课堂教学还是围绕着渲染和表现之类的，做设计也有一套规定的套路，一年级、二年级、三年级、四年级……每个年级两个学期都有固定的作业，其实，这几所学校都是非常类似的。但是，作为学生，我们会因为自身的兴趣并受到周围信息的影响，比如图书馆里的那些建筑学外刊的新作品，并将这些影响从作业中体现出来，但是，我觉得这种表现并不是很系统。

ID 在您的大学时代，有哪些人对您产生了影响？

李 在最早的一代大师里面，赖特对我的影响最大。我的第一个设计作业就是模仿他的"草原住宅"，是我在二年级完成的。我完整地看过他的传记和作品，也模仿他做了一个小住宅，不过，在当时带我的黄为隽先生的指导下，我这个住宅也不是完全照搬，还是有些形式上的变化，我把自己对草原住宅以及赖特的理解也都表现在这个作业里，这个作业也得了高分。

ID 除了赖特外，还有其他的建筑师吗？

李 后来，也欣赏过其他的建筑师，但我觉得都没有赖特对我的影响那么大。只是，我觉得在学习赖特作品时的这种方法是个很好的学习方法，就是用很长的时间去研究那些经典的建筑师和他们的作品，甚至去模仿它。在这样的一个过程里面，你会对建筑有更深的认识，而不是泛泛的了解。从赖特开始，我就自己有意识地更换学习对象，而这样的学习在学生阶段是有益的。不过，后来没有其他建筑师能像赖特那样，给我那么深刻的印象和影响，也有可能是因为赖特是第一个。

ID 在本科时代，还有哪些印象深刻的事情呢？

李 在毕业设计前，我去了北京。第一次参观故

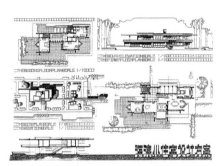

第一份设计作业，模仿赖特"草原住宅"的作品

毕业设计作业"华人学者聚会中心"

宫，从景山上俯瞰紫禁城，此时，建筑的空间与形式以一种强大与感人的力量呈现在我的眼前，当时，我受到非常大的震动，也从此开始对中国传统的建筑与城市产生兴趣。我的毕业设计是"华人学者聚会中心"，我希望通过所谓"现代的方法"来表现我心目中对中国的建筑与城市的认识，并将它们转换到现代的建筑里，这个设计当时获得史无前例的高分，并进入到天津大学建筑系学生作业的历史记录。这就是我本科学习生涯的一头一尾，整体就是这样的一个印象。1991年毕业后，我被直接分配到了部院（建设部建筑设计院），就是现在的中国建筑设计研究院。不过，成为一名真正的建筑师后，我仍然在不断地自我学习，在实践中边学边思考，后来，我也有很多喜欢的建筑师与作品，如阿尔瓦罗·西扎、路易斯·康、勒·柯布西耶等。

1 西直门交通枢纽
2 "鸟巢"

中西建筑的平等对话

ID 在您的职业生涯中，"鸟巢"是个绕不开的话题，您在 34 岁的时候就负责"鸟巢"这么大型的标志性项目，一个全世界都在关注的项目。如此年轻的中方设计负责人是非常少见的，这是您的第一个大型项目吗？

李 其实，我毕业参加工作得比较早，而且部院也给我提供了很多很好的机会，在这样的设计院体系里，建筑师接触的项目与工作量都是巨大的，我在接触"鸟巢"之前，就已经有过很多工程经验。我 1991 年毕业，但我从 1995 年起就已经开始独立主持设计工程。2001 年，我 32 岁，已经是院里的副总建筑师了。我之前在法国的学习经历以及后来的西环广场项目（我也是项目负责人）也有着较大的参考作用，我和国外建筑师的交流能力与视野都没有什么问题。而当时，我也获得过国际奖项的提名、国家设计银奖之类的重要奖项和业绩，这些对我的业务能力是一种证明。我那时候作为中瑞联合体的中方合作人，是在竞赛报名阶段就决定的，而且，谁也没有想到最后一定会中标，会需要把这个项目从头至尾做下去。

ID 您在 1998 年被选入"50 名中国建筑师在法国"，作为首批人员赴法学习，能谈谈那段经历吗？

李 这个中法项目是希拉克与江泽民签署的文化协议，我们当时是第一批，所以，法国方面，从官方到事务所都非常重视。第一批一共 4 个人，我和另外一名浙大的教授一起去的法铁公司 AREP，另外两位分别是华南理工大学的副院长陶郅和北京航空院的副院长，他们俩分到巴黎机场公司 ADP。两家事务所都有专门负责两名学生的资深建筑师，他们关心我们的工作和生活，乃至衣食住行，还会经常盯着我们定时要写报告，如果出去旅行，需要事先跟他请假，他也会帮助我们融入事务所的工作和人群，比如事务所有什么学术活动，或者某某员工过生日的派对，某某员工要离职的聚会之类，他们都会叫上我们。

ID 中国建筑师与国外建筑师不仅在语言，同时在工作方式以及设计理念等方面都有不同，您是如何在短时间内适应法国事务所的工作方式？

李 刚开始肯定是生涩的，我们都是被迫要融入到那个环境下。当时，在法国外交部的主持和安排下，我们先进行集中的授课和参观，然后就被分配到不同的事务所实习，就这样，你被扔到了一群法国建筑师里面去。我们当时租住在巴黎第五区的公寓里，每天坐地铁上下班，

其实，就进入了一个完全现实的、国外建筑师事务所职业环境下的工作状态。你必须让自己适应，然后交流，再表达自己的想法，要能够让人理解、接受你和你的想法，要完成任务，要表现出自己的能力，包括画图啊设计啊之类的。这些其实都是最真实的环境，最真实的训练。后来，我们在那里也熟悉了，有了朋友，也有关系不太好的同事，会互相闹别扭，对我来说，这段时间就是个很真实的环境，教会我在适当的时候怎样表达你的观点，如何跟外国同行相处。通过这段经历，我觉得和国外建筑师打交道是没有什么问题的，不仅是语言上的通畅，而且是工作的方法与心态，你和他们虽然有文化上的差异，但是可以很顺畅地交流。

ID 从 20 世纪初开始，很多国外建筑师都开始在中国进行大量建筑实践，而北京甚至被冠以"世界建筑师的试验场"的名头。由于设计体系的限制，国外设计事务所的项目一般都有一个中方配合，而这种合作只是局限于外方出方案，中方配合做施工图，这样简单的技术配合。您负责的大型项目如"鸟巢"是否也是这种模式？能否举些例子？

李 不是，就我的情况来看，我们与外方事务

所的合作模式都是基于平等的和全程的方式。2000年，我开始做西直门交通枢纽项目的设计总负责人，与法国事务所AREP进行了更为密切且更长期的合作。这个项目有20多万平方米，是个将城铁、地铁、国铁、公交、商业以及办公等多种功能都融为一体的复杂而大型的项目，这种复杂的交通枢纽类型的项目在当时国内是非常超前的，即使放在今天，也都算是一个非常复杂的大型城市综合体。AREP是我在法国进修实习时的那家事务所，是专门从事这类设计的，他们是交通枢纽设计方面的专家，我想办法把事务所的主创建筑师请过来，和崔总（崔愷）一起讨论、确定方案。我们也会在适当的时候去巴黎跟他们一起工作。在设计构思阶段，崔总为主，我是中方的第二把手，方案赢得了竞赛后，在工程设计阶段则是由我担任设计主持人。这个项目就是从最开始的设计阶段就与法方一起工作，一直到后期的施工图都是全程在合作。在整个设计过程中，会碰上许多具体的问题甚至矛盾，都需要和法国建筑师碰撞、讨论、相互说服和妥协，最后达到了比较好的结果。现在回过来看这个项目的话，其实可以看做是"鸟巢"的预演。

ID 也就是说，西环广场的项目让您熟悉了中外事务所对等合作的模式，拥有了国际化的视野和交流能力。

李 是的，从竞赛和概念设计阶段就在一起探讨方案，然后共同决定设计方向，在工程设计阶段也是基本全程合作。在整个设计过程中，我们和外方相互之间都有学习借鉴，从方案、初步设计到施工图，针对不同的阶段、不同的情况和条件，相互派人到对方的办公室工作，互相交流，互相促进。

ID "鸟巢"也是这种模式吗？对于那么大型且具有争议的项目，工期又非常紧，产生争执后又是如何达成共识？

李 是的，也是这种全程的合作。我们会根据具体的情况来做出合理的判断。对一个工程来说，尤其是"鸟巢"这样的标志性项目，快速地做出决策也是必须的，必须有一方拍板，做出决定。所以，在整个合作的过程中，我们会分阶段地确定领导方和工作方，比如在方案阶段和初步设计阶段，赫尔佐格和德梅隆事务所是领导方，然后到施工图和施工配合阶段，中方是领导方，但在每个阶段，双方都是共同参与的，只是扮演的角色不同。这些角色设定并不只是我们口头的协议，而是都落实到合同，得到法律的认可与保护。这套工作模式也是我们有过之前的经验，慢慢摸索出来的合作方法。

浮华时代里的职业建筑师

ID 在"鸟巢"这个项目里,你会有遗憾吗?

李 最终展现的"鸟巢",比如去掉可开启屋顶,是大家共同的决定,当然是有遗憾,大家都会有这样的感觉。如果能将最初的方案完全实现,对设计师来说,可能那是最完美的。虽然我也觉得稍有遗憾,但是我认可这个事情,我从心里并不对这样的变动抗拒得不行。我觉得建筑师这个职业永远都是这样的,建筑不是一种独立的个人作品,如果你是个画家,你觉得今天这个画画得不满意,你可以把它撕掉,没有任何人能干涉你;但是建筑这玩意,哪怕是个很小的房子,但你花的通常是别人的钱,要让别人盖,你只是构思一下,画画图纸,监监工而已。也就是说,建筑师是要用社会的很多资源来实现自己的设计,正是因为作品是这样的一个实现方式,建筑师就会受到很多因素的影响和制约,那是必然的。接受那些会影响设计的因素,并在合理的情况下认可它们,这是作为建筑师的基本状态,如果你不认可它们,那你就干不了这个职业。

ID 很多建筑师对细节都有完美的追求,你会有自己的坚持吗?

李 当然。当客观因素影响到自己的设计时,比如在施工时,我总是会希望去改正错误,尽量争取完美而理想的状态。就像我前面所说的那样,建筑师是个受到很多制约的职业,如果有些因素并不能改变,我就希望用一些"设计的智慧"来尽量弥补,若能将错就错,反而为设计锦上添花则是最为理想的状态。

ID 能具体举个例子吗?

李 有很多时候,建筑师是非常无奈的,比如"鸟巢"屋顶的取消。但是,我认为,作为职业建筑师,在无奈之下,也必须要有专业精神,不能撂挑子,而是应该以主动而乐观的态度来迎接这些变化,做出积极的应对。以"鸟巢"为例,在接到取消原有设计的屋顶的决定后,其实,最简单的修改方法就是在原来的结构上直接切掉就行了,结构上也能算得下来,但是我们却把所有的结构等都重新来调整和计算。通过减少构件,让用钢量减少,节省了投资。我觉得这种专业精神是很可贵的,尤其是在中国做建筑师,如果没有这个精神支撑的话,可能随时都会崩溃,都要放弃。

ID 在"鸟巢"之后,有没有继续做一些大型的

项目?

李 之后的项目规模与性质都没有办法和"鸟巢"相比,其中一个比较大的是海南国际会议中心。"鸟巢"真是个特殊的个案,因为它是集政府所有的优质资源,所有的参与人员都有种所谓的使命感,压力都是在那里的,这就能够保证项目有一定质量,就我们设计而言,投入的人力物力,真是空前绝后。如果一个快速进行的大项目缺少这些保证的话,就会有问题了。海南国际会议中心就是这样的一个项目,又快又大。大项目要真正控制好,还是非常需要条件的。现在我们多数的项目都是中型的,不是很小也不是很大。

大院内的独立工作室

| 1 | 3 4 |
| 2 | 5 6 |

1-2　"鸟巢"
3-4　兴涛展示接待中心
5-6　2008 年威尼斯建筑双年展中国馆参展作品"纸砖房"

ID 21 世纪初时，中国当代建筑师开始活跃起来，许多大院里的建筑师都走出体制，成立独立建筑师事务所，您动过出去单干的念头吗？

李 1993 年的时候，国内独立事务所非常少，能做成功的更少。那年，我停薪留职，和我的同学一起去南方创业。到了那以后，却并不适应那里"一切向钱看"的氛围。当时，整个南方进入了快速发展的时期，在"发展才是硬道理"、"越快越好"的驱使下，房地产更多的是在极少的时间下追求庞大的建设数量与速度，建筑的质量也无法得到控制。我们当时主要承接的都是些房地产的项目，在那呆了差不多一年，我就回北京了。另外两个合伙人坚持了一段时间后也离开了。

ID 您也于 2003 年，在中国建筑设计研究院成立了您的个人工作室，这是国内最早成立的三个以个人名字命名的工作室之一。

李 当时外国建筑师在中国的作品越来越多，中央电视台新址方案也已经确定，我也在负责"鸟巢"的工作。通过观察，我们发现国外优秀的建筑师比较常见的工作方式是事务所形式，而不是中国这种大的综合设计院的形式。在这种状态下，大院要面对竞争，如果能够推出一种带有建筑师个人工作特色的工作室，会更有利于跟国外建筑师在竞争中处于一种相对类似的状态。当时我们接受项目后总是和不同的团队合作，不太稳定。成立工作室后则可以相对固定，有利于建筑创作状态的发挥，也利于形成品牌效应，进而通过建筑师的品牌增强大院品牌，也使大院的学术特征更加彰显。

ID 能具体谈谈您的工作室的模式吗？您有没有想过之后也要走出大院，彻底独立呢？

李 我们在工作内容和工作方法上是相对独立的，但是从隶属关系与财务上都是属于院里的，经济上相对独立，但是并不是真正的独立，换句话说，我们从工作上很像是一个独立的事务所，在我的主导下，工作室有自己的工作模式、思考、立场以及工作方向，这跟外面的独立建筑师事务所没有本质的区别。但在体制上、经济和人事上与独立事务所很不一样。但我觉得总体上是可以忍受的。对我来说，最重要的是把房子做好，无论是在哪个体制下，只要能把房子做好就行。

ID 您做的一些小建筑，比如兴涛系列，这类型的项目是通常我们概念中的那些拥有自己小型独立事务所的实验建筑师做的事情，您却深处大院，也负责"鸟巢"这样的大型项目，这其中有矛盾吗？

李 没什么矛盾。我参加工作 20 多年了，一直是同时进行着两种类型的项目。对我来说，大项目就是我需要去完成的社会责任，我们院的很多项目都是任务性的，比如"鸟巢"、西直门交通枢纽等；小型项目一直是我有兴趣去探讨的，而且这些小项目能更大程度地去实现一些我的思考。虽然这些小项目在国内报奖都没有什么优势，甚至我都不一定去报，但是我觉得它们非常有价值，让我实现了很多想法，而且这些小项目也被国外的媒体与同行欣赏，获得了好评。

ID 在国外，一般出名的都是个人名义的事务所，而近几年来，国内也有许多明星建筑师办

起了个人事务所，而您的工作室的模式又比较特别，身处大院，却又具有一定独立性，您是如何看待这三种不同模式的事务所的？

李 建筑师是一个个性化色彩比较浓厚的职业，所以国际上大多是一些私人性质的建筑师事务所，并且得到了从社会、制度、法律、市场到行业本身等各方面的认同，也有一套成熟的操作系统。而我们国家一直是国有大设计院的机制，社会对大设计院的认同程度要高过私人建筑师事务所，跟我们的建设量相比，国内出色的私人建筑师事务所并不是很多，但却越来越多，越来越引人瞩目。我们的工作室是由中国建筑设计研究院组建的、身处大院的工作室，这种模式也有着自己的特点：一方面，专家工作室可以更好地发挥建筑师的创造性；另一方面，由于我们隶属于大院，在社会认同这一环节上又减少了很多障碍。所以说工作室这种形式既适应了市场，同时又体现了建筑师的职业特点，我认为目前在中国的特定环境下是一种比较好的形式。

现代与传统之间的中国性

ID 在我看来，您的作品除了一些非常大型的标志性项目，也有很多小型的研究类的项目，您一直在思考如何将中国性在当代建筑中体现，兴涛系列是您最早期的代表作品，能介绍一下这个项目吗？

李 这个项目是一个对我有特别意义的项目。兴涛系列其实并不仅仅是大家现在比较常在媒体上见到的展示接待中心，它最早是一个北京大兴的居住小区，我从做规划开始，后来也包括所有的单体设计，即住宅、配套学校、会所和售楼处等。我也并不只是规划设计了一个小区，而是依托它也完成了一些理论性的思考——小区规划的结构设计方法研究。

ID 在兴涛系列中，兴涛展示接待中心的曝光率非常高，是您将中国园林与当代建筑结合的范例，而这个项目也获得了国内外一致的认可，介绍一下这个项目吧。

李 兴涛展示接待中心其实就是个售楼处，我

那时候也刚刚开始对中国园林有兴趣。售楼处就是要进来导购——看模型、看展板、看样板间，最后再看看小区的实际建成情况，这是个很商业性的导购过程。我希望把这个过程转换成一个游园的行为。我把样板间与展示接待厅分开两头，于是形成了一个迂回的流线。在这样一个流线里，既完成了商业的导购过程，又完成了游园的行为体验，就是把一个商业性的东西和我们传统的那种愉悦的游览经验结合到一起。这个小项目是 2000 年完成的，非常有中国特色——快速设计、快速建造，用了 2 个月设计，3 个月建造，就完成了。对我来说，做这个房子让我觉得轻松，快捷，而且是一个新的关注点，虽然仍然与我一直关注的传统有关系，但我觉得它更有当代性。于是，我试着把这个小房子拿到国际上报奖，获得了英国皇家建筑师学会和英国"世界建筑"主办的 2002 年度"世界建筑奖"的 44 个提名奖之一，我

1 2	3
	4
	5 6

1-2　复兴路乙 59-1 号
3-4　胜景几何 - 李兴钢建筑工作室微展
5-6　建川镜鉴博物馆暨汶川地震纪念馆

也去柏林参加了第 21 届世界建筑师大会期间举行的颁奖典礼，当时，我是唯一获得该奖的中国建筑师。我记得那时候 far2000 网站发布了消息，很多人都表示祝贺，这同时也给了我一些信心。虽然当时我已经拿过很多国内的奖项，但把作品拿到一个国际性的平台去检验并获得认可，会获得更多真正的自信。

ID 您能否谈一下，在与赫尔佐格与德梅隆事务所合作"鸟巢"对您的设计道路有什么影响吗？

李 与赫尔佐格与德梅隆事务所合作后，对我产生的主要影响还是工作方法上的，比如怎样思考一个建筑的发生？线索是如何产生的？线索是怎样导致相应的设计手法？最后的建筑面貌又是如何决定和产生的？我觉得如果说我受到了他们的影响，主要其实还是在这个地方，而不是说某种具体的建筑语言。

ID 在"鸟巢"之后，建筑表皮成为中国建筑界的热门趋势，而复兴路乙 59-1 号这个项目的外在形象也非常强烈，让很多人都与表皮设计联想在一起，而北京地铁 4 号线出入口也有很多人认为有表皮建筑的设计倾向，对此，您怎么看？

李 说到复兴路这个项目，其实它并不是一个肤浅的表皮化的建筑，我自己很坦然，为此，我还专门写过一篇叫《表皮与空间》的文章，发表在《建筑学报》上。我认为，复兴路乙 59-1 号并不是一个简单化的、专门在表层的表皮上做文章的那种"表皮建筑"，虽然它的外在呈现很像是那样。如果一定将它定义为"表皮建筑"的话，我也认为它是一个空间化的表皮，它有着自己内在的空间逻辑，是一个空间化的反馈，是结构和空间在外面的呈现。并且这里面仍然有着我对中国传统园林的思考，在西侧由防火楼梯改造而成的立体画廊部分，我把它想象成

一个垂直方向的园林，有行走的路径，也有驻足停留之处，而行动和停留对应的外墙表皮透明度不同，比如在"亭"的地方是完全透明的，而在"廊"的地方则是半透明的，这样，表皮和空间及人的行为就结合在了一起，而我关注的园林和"表层"这两个概念也被糅合了起来。

ID 之后，您的建川镜鉴博物馆暨汶川地震纪念馆似乎不同于复兴路乙 59-1 号与兴涛展示接待中心，它更加温润。

李 这个馆是在之前设计的文革镜鉴博物馆的基础上改造重生的，在汶川大地震后，将原本停工难产的博物馆经过设计改造后成为两个功能，两个馆在空间上相互叠加并置，虚像和现实也相互混合、对照。在这里，"空间表皮"与中国园林结合在了一起，里面的空间也是个游园式的体验，并与人们对文革的象征性体验联系在了一起，所以也形成了一种更为复杂的关系和状态。

ID 作为您早期的代表作品，兴涛展示接待中心项目则将中国传统园林转化到了现代建筑，兼顾了传统与现代。但您之后的作品，如复兴路乙 59-1 号等项目却呈现出了更加现代化的形式，您如何看待"现代与传统"这个命题？这个命题是否影响着您的设计？

李 "现代和传统"这个命题一直是我在不断思考的命题，这两年我觉得这个方向更加清楚了一点。不过，我现在不太会提"传统"这个词，因为被提得太滥了，我也不想直接去提"现代"或者"当代"。前段时间，我在北京方家胡同的哥大建筑中心举办了一个名为"胜景几何"的微展，我希望把传统和现代转化成两个元素——"胜景"与"几何"，"几何"对应着与建筑本体相关的元素，而"胜景"则代表着与自然密切相关的元素，我把它称为"空间的诗性"。**END**

CAFA/AAA 映射无形 I+II 联合课题

撰　文	何可人、王威、Anne Elisabeth Toft, Claudia Carbone
摄　影	何可人、王丽华、Anne Elisabeth Toft,Claudia Carbone, Claus Pedersen,Linnea Berg,Olga Sigþórsdóttir
资料提供	中央美术学院建筑学院

© 王丽华

　　中央美术学院建筑学院和丹麦奥胡斯建筑学院有很多相似之处，他们同为具有艺术气质和传统的建筑院校，在处理当代建筑和城市问题的过程中，强调艺术性的观察、思考和行为方式。两个学校的联合课题展览（《映射无形 I+II》）是他们长达两个学期深度合作的结晶。在这里我们看到了东西方文化和教育方式的碰撞和融合；不仅如此，借助艺术的思考和方式，这个展览也启发了我们看待城市文脉和现象的新视角。

金江波

（展览策划人，上海大学美术学院院长助理、副教授）

　　一定的物质环境会影响人的活动，人的活动也反作用于物质环境的形成，这两个层面是一体的，比如几百年上千年形成的传统空间，跟人的活动及生活方式是有机结合的。但现在的中国城市发展太快，物质空间的短期形成方式可能与人的生活方式不相适应，在这种情况下，我觉得如果仅从物质层面追究分析建筑、城市空间形态，可能会带来误导或不真实的结果，或不能真正满足人的精神需求；而从人的角度切入，可能可以去除表面，更加本质地发现城市空间形成的规律，这可能更有价值，可能是我们更感兴趣的。

　　基于此，两个学期深度的城市设计联合课题是两个学校实验性的尝试：在双方两个定向工作室基础上，用艺术化的方式，从人的行为方式、人对空间的影响等角度，对不同文化背景下的传统城市空间进行思考、诠释与再现，以此切入城市或建筑问题，取得了意想不到的效果。

吕品晶

（中央美术学院建筑学院院长、教授）

　　这个联合课题是由中央美术学院建筑学院国际课题工作室及丹麦奥胡斯建筑学院构建表达工作室学生共同完成的。两个工作室自2012年开始合作的项目，称为CAFA/AAA联合课程，负责教师为Anne Elisabeth Toft, Claudia Carbone,何可人和王威。这是一个实验性课程，目的是教学法研究，测试和发展教学模型、方法和框架，在课程中感知并学习丹麦和中国文化的相似与差异，突出建筑设计的艺术倾向，注重在教学中结合研究方法和艺术思维。这个课程不仅强调学生的独立工作能力，同时要求学生成组完成项目。教学强调以方法为主的研究过程，同时结合工作室辅导和定期的评图。2012年课程的主题是北京胡同的研究，而2013年选择的是奥胡斯港口的都市景观和空间研究。其中《映射无形 I》于2013年3月在中央美术学院建筑学院进行了展览，《映射无形 I+II》分别于2013年10月和2014年3月在丹麦奥胡斯和上海艺术设计展中展出。

中央美术学院建筑学院国际课题工作室

　　中央美术学院建筑学院自创立以来努力实现教学、科研与工程实践相结合，建筑科学、建筑艺术以及建筑文化并重，致力于培养具有艺术家素质的建筑师与设计师。

　　建筑学院国际课题工作室致力于以研究为导向的可持续性城市空间设计，包括传统公共空间的转换和更新。中国的城市在近几十年里以极快的速度发展，传统的公共空间的定位和特性受到经济发展的巨大挑战。为了避免过多地破坏传统的城市空间肌理，并且在新的环境下满足现在生活的要求，拓展多种思维方式来研究和解决城市问题变得迫在眉睫。国际课题工作室利用和国外院校交流合作的机会，尝试不同的研究设计方法，并运用多视角的方式来观察城市问题。

奥胡斯建筑学院构建表达工作室

　　工作室探讨运用不同媒介的可能性，以及批判性地运用建筑再表现是否能对建筑构成提供更多的信息。研究内容包括建筑、理论、视觉文化以及建筑和其他艺术形式的渗透。目的是发现对建筑和其表达方式的新启迪，进而发掘建筑表达的新模式，试验产出式的设计方法和过程，包含测试、可能性进程，激发建筑再表现的即兴创作的工具。学生以独立的方式进行工作,各自发展独立的艺术成果。

映射无形 I：北京传统胡同和都市肌理研究

胡同的概念对北京城来说是独特的，虽然从字面上它意味着"街道"或"巷道"，但对于北京居民来说，胡同的意义远不止于此：它可以是由"胡同街道"串联的一系列四合院，或是通往各自院落的共有通道，更进一步，用西方的说法可称为邻里空间。今天北京许多胡同都渐渐消失了，幸存的胡同和胡同文化则面临着巨大的转变。

利用 2012 年 9 月～10 月的 6 周时间，中央美院和奥胡斯的学生共 30 多人组成 6 组团队，以"胡同"的概念为导向，调研了北京的 6 条胡同，重点研究现存的结构和文脉，定位并图解变化中的胡同文化，公共空间和私密空间的多样化界定，以及居民的行为方式。

课程目的和要求

鼓励在现场通过感官和身体经验进行直接客观现象的发掘和采集，运用不同记录媒介制造和储备不同介质的研究资料，进行理性的归纳和整理，讨论和动手是最重要的研究和作业手段，挑战文化差异和多视角。成果呈现（展览）中不再讨论信息的直观和确切性，更重要的是一种由小组团视角出发的研究结论的再表达，提出问题，寻求沟通。每组成果都呈现出因调研视角和调研对象不同而呈现出的显著特征，表现出不直观却逻辑明晰的推导线索和隐含的充沛研究素材和依据。这个课题是对城市空间研究方法和沟通形式的挑战和探索。

课程经过及内容

为期 6 周的胡同测绘 mapping 及再表达。中丹混合小组作业，第一阶段完成了对于 6 条不同特征的胡同的平面立面测绘（制图要求 1:50），形成 6 卷 5~10m 的长卷轴底图，再以此为基础进行包括日照、人流和景观等方面的 mapping 研究，最终以自创造的图示和方法分层表现在长卷轴底图上。

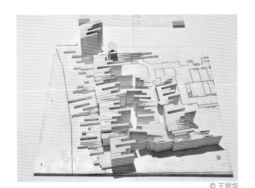

© 王丽华

第一组：东四六条

小组成员：

Árný Árnadóttir，Helena McCarthy，付小萌、钱晟、铁明培、王浩然、李城、刘岳、马经道、李秋实、张卓卓

mapping 关注点：

1. 胡同夜晚照明范围
2. 对一天中停车位占用时间的调查

第二组：东四七条

小组成员：

Felicia Nathalie ElinWarberg，Yi Lin，吕兆杨、罗茜羽、陈玮、张艳、陈日红

mapping 关注点：

1. 停放的交通工具的类型和位置（汽车、自行车、三轮车、手推车）
2. 树木位置和树冠范围

©Anne Elisabeth Toft&Claudia Carbone

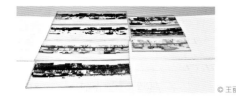

© 王丽华

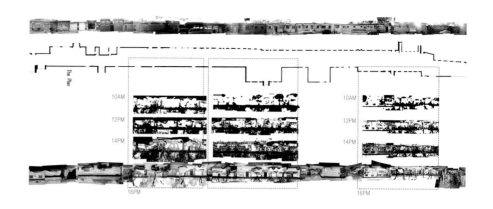

第三组：雨儿胡同和帽儿胡同

小组成员：

LykkeAstrup Ley，Nella Maria KonnerupQvist，Guilherme Lopes dos Santos，段邦禹、于海洋、朱光千

mapping 关注点：

一天中不同时段内胡同南面建筑物树木对北面日照的影响

第四组：东棉花胡同

小组成员：

SivBøttcher，Stine KremsBundgaard，沈煜棋、刘丹荔、聂玉婷、周丽雅、王玮、叶建宇、周俊彤

mapping 关注点：

现场质感和印记采集，交通模式种类和分布

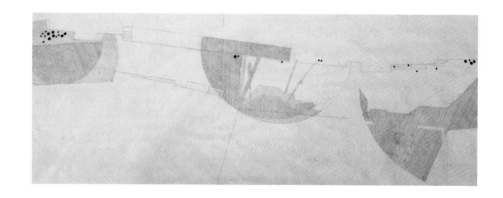

第五组：铁树斜街

小组成员：

Stephanie Winther，Anne Sophie Schlütter-Hvelplund，田萌、关惠文、王丽娜、张特、王峰颖、李峻、许光辉

mapping 关注点：

5m 半径内阳光可照射范围和居民休憩分布

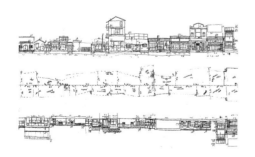

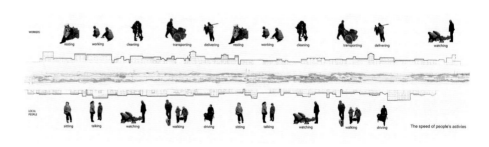

第六组：杨梅竹斜街

小组成员：

ZuhalKocan，Joanna Costan，Fabio Guimaraes，沈璐、邓媛、王琪、金正盛

mapping 关注点：

1.施工中胡同街道平面立面面貌变化

2.日照阴影占据空间的变化

3.拼贴式多时期立面风貌

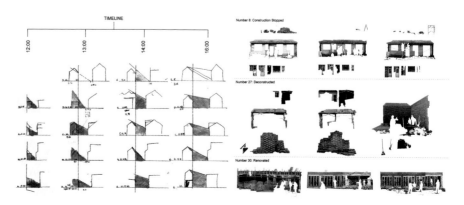

映射无形 II：奥胡斯港口与边界研究

奥胡斯展览 ©Claus Pedersen

2013 年 9 月，中央美院的教师和学生开始利用 6 周时间回访丹麦奥胡斯，并跟构建表达工作室的教师和学生合作在奥胡斯港口继续这个课题的研究。课题组将行走作为一种艺术表现和方法，沿丹麦奥胡斯的港口边缘进行了一系列的集体行走实验。行走也可以看作是一种艺术作品和记述过程，它将线性的主题归结为一种横向与纵向的交错和延伸，同时行走也是映射的手段和丈量的工具，一种演示性的参照，附带有重组空间的经验和感受。行走作业的想法来源于表演艺术、极简艺术和大地艺术的作品、方法和技巧。课程组共同导演了三次行走：引导与漂流（2013 年 9 月 23 日）；线之旅 – 编舞的行走（2013 年 10 月 3 日）；行走蒙太奇（2013 年 10 月 14 日）。

我们老提到 Mapping（映射），就是人的运动方式作为一种语言，穿联在空间中，把时空和人穿联在一起，再把个人行为映射到图示等符号方式，以此解读空间，形成再表达过的调研成果。我们觉得如果观察者能将这些符号看进去，深入解读和挖掘，多问几个 "为什么"，会得到很多启示。

何可人、王威（联合课题负责教师）

东西方两个学校的合作，不光成果，合作过程也让我们收获很多，尤其是了解了彼此文化的异同。比如公共空间和私密空间的界限，这在西方是很明确的，但在东方，比如老弄堂的人会把衣服或被子挂在外头或人行道旁晾晒，东方的公私空间的界限在哪？也许根本就很模糊，或没有。我们对这部分的文化非常感兴趣。胡同正在消失，这也是我们对此进行研究的原因，这很有价值。

Anne Elisabeth Toft, Claudia Carbone
（联合课题负责教师）

跟丹麦学生合作过程中，会感觉他们跟我们的做事方式不一样。我们会比较追求最后的装置很漂亮、很吸引眼球，所以一个月时间内，可能只用一星期调研，之后时间全用于讨论怎么动手做，把装置做到最好；而丹麦学生则可能前 3 个星期全用于考察、调研等前期工作，最后一星期才把装置做出来，即使做不到非常美。一起调研北京胡同时，他们会非常精确地拿尺子量每一个细节，对数据很严谨。与他们合作后，会觉得无论参与任何方面的设计，都需要经过全面的调查，而不是设计先于现实或片面地曲解现状。

罗茜羽（联合课题学生小组成员）

奥胡斯合影 ©Claudia Carbone

© 何可人

第一组：行走叙事
小组成员：
Linnea Berg, Helena McCarthy, 沈煜琪、聂玉婷

这组的两位丹麦学生和两位中国学生对奥胡斯港口的不同地点和不同景物各自有着截然不同的感受和体验：有的记录了自己的足迹在不同介质上的印记，有的对在集装箱码头行走过程中走与停的频率与周围景物变化之间的关联感兴趣。于是 4 个人共同编写了一部 "书"。这本木制的书分成 4 个章节，用不同的机械装置展示了每个人不同的体验和感受。

第二组：好奇的格子
小组成员：
ThiDuy An Tran, May DamgaardSørensen, 王琪、沈璐

这组同学同样对奥胡斯港口多样化的景观有着无数的好奇点，例如工业机械、天际线因为突出物产生的变化，甚至石头上不同颜色的苔藓，都从不同角度叙述着港口的故事。学生们的记录方式是做一个有很多不同尺寸抽屉的大柜子，存放她们的记录、故事、实物，还有相关的情绪。带很多抽屉柜子的形式则来源于中国传统的中药柜。

© 何可人

© 何可人

第三组：分类学

小组成员：

Olga Sigþórsdóttir，Rosemary Jeremy，段邦禹、王金璐

　　分类学自始至终是这个组的调研方法。4个同学把他们自己在行走过程中体验到的景物用分类学的方式表现出来：有的把收集的资料按自己人格的不同特性用长卷轴描绘；有的把收集的植物样本按收取的方式来分类；有的则按自己行走的轨迹和视线的方向分类。几个人把共同的体验重叠在一起，产生特殊的效果；同时受到传统的计算滑尺的启发，制作了一把巨大的滑尺，把这种集合的体验记录在不同的轨道上，相互滑动交错，可以产生无限的组合。

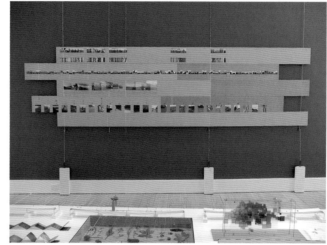

© 何可人

© 何可人

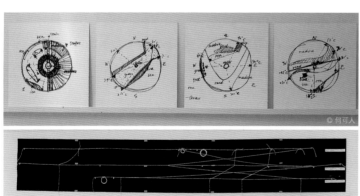

© 何可人

© 何可人

第四组：球体的制图

小组成员：

Anders Lindberg Kjær，Elin Elisabet Svensson，罗茜羽、刘丹荔

　　这组的成员认为他们的体验正好构成了一个球体，一个平衡式的陀螺仪：无论球体如何转动，中间的圆盘永远保持水平。她们制作的球体：经度上是截面上天与地的关系，纬度上是视平线范围内不同的景物，而中间的圆盘则是声音的维度、声音的方向与色彩。于是这样一个陀螺仪球体形成了，圆盘上还很细致地刻上了3个维度的不同印迹。

奥胡斯港口 ©Linnea Berg

第五组："迹"

小组成员：

SivBøttcher，王羽、周格

　　行走的轨迹和韵律是这组 3 位同学共同体验的成果。而这种轨迹如何用形式来表示，如何在制图和记录过程中表达各自的情感？最后是以一条不同体积的长方体组成的"长龙"模型来表达这种集合的"迹"。同时这条"迹"支撑着从一点辐射出去的不同信息：例如学生利用特定地点采集的水样品，用中国水墨画的笔法来诠释景观印象——有时水天共色，有时风云变幻，北欧的天空、海水和云居然和中国水墨画有异曲同工之妙。END

© 何可人

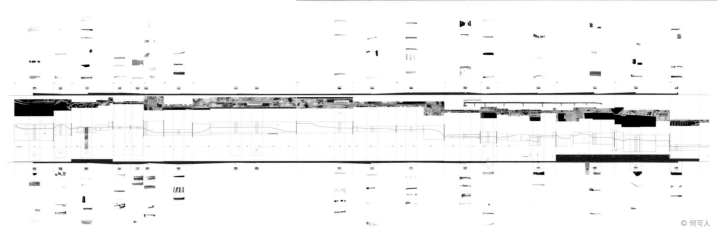

© 何可人

Hideg 住宅
HIDEG HOUSE

撰　文	银时
摄　影	Tamas Bujnovszky

地　点	匈牙利Kőszeg
面　积	110m²
设　计	Béres Architects Ltd.
设计时间	2009~2010年
建造时间	2010~2012年

　　Hideg 住宅坐落于匈牙利一个魅力十足的历史古镇 Kőszeg 郊外，享有鬼斧神工般的悬崖峭壁和宜人的山丘林地等优美景观。几个世纪前，这块场地曾被用作采石场，至今遗留下来的裸露岩石可以说是环境中最抢眼的元素。为了能够全年获得充足的自然光直射，同时又能靠近山崖景观，建筑被放置在高出谷底道路 10m 并临近岩石悬崖的地方。

　　"一个家庭生活方式的抽象足迹——这或许是最适合用来形容室内平面布局的词句。"设计师 Attila Béres 如是说。整个建筑由两个部分组成，这两部分被一个厚重的黑色边框串连在一起，宛如漂浮在自然地势之上。两个部分中间是一个开放的有顶露台，它也成为整个木屋的中心区域。露台一边面向千姿百态的山岩，一边面向南侧的树林，是最理想的观景点。

　　自然光和周边的自然景观是设计师进行空间布局时最首要考虑的因素，110m² 的平面布局也充分回应了这些元素。庞大而带有遮蔽的开口摄入了南面最壮丽的景色，也有小窗洞可以瞥见北面凸起的山岩。

　　建筑外立面粗糙的黑色落叶松覆层和内部同为自然材料饰面但质地较为光滑的表皮形成鲜明对照，吸引来访者进入室内空间。内部环境为纯白色，因此映入室内的天空和外景更加清晰。建筑所在的地区有着四季分明的气候，夏季炎热，冬季寒冷。因此建筑采取智能的结构体系，保持一年的舒适。简单高效的生态解决方案实现了极低的能耗和恰当的建筑成本。

　　Hideg 住宅是 Attila Béres 和 Jusztina Balázs 的第一个建成项目。这个年轻的设计组合中 2009 年开始了本项目的设计工作，业主 Hideg 先生在《Wallpaper》的年度杰出青年设计师名单里注意到了 Attila Béres。整个住宅的全部细节直到 2013 年才完全做好，Hideg 先生和他的妻子密切参与到这个手工定制打造的精致住宅中，每一个阶段都没有松懈，他们的这种参与与热情对这所度假住屋的完成起了至关重要的作用。**END**

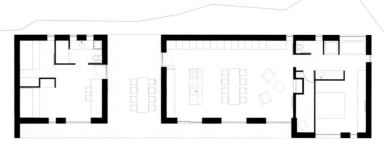

1　几个世纪前的采石场遗留下来的裸露岩石可以说
　　是环境中最抢眼的元素

2　建筑及周边景观

3　平面图

4-5　建筑外立面

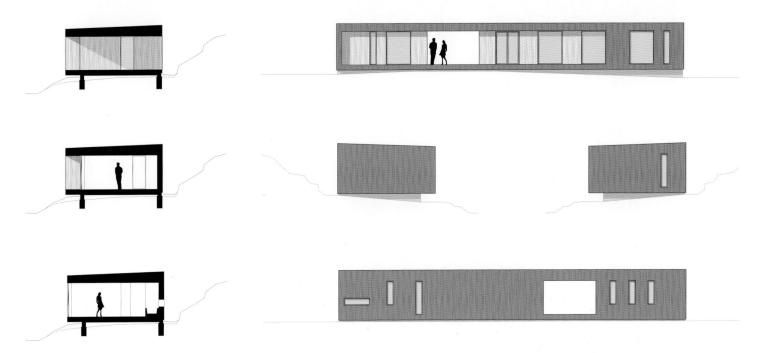

1　夜色中，山岩与建筑融为一体
2　剖面及立面图
3　开放的有顶露台，可以欣赏千姿百态的山岩

1-3 采光和观景是设计师进行空间布局时最首要考虑的因素,
落地窗和小窗洞将优美的森林和山岩以及充分的自然光
纳入室内

4 纯白色点缀黑色线条的室内空间看上去非常简洁清爽

5 向大自然开放的浴室

2807 号公寓
NO.2807 APARTMENT

撰　　文	仝鸣
摄　　影	谭立予
地　　点	广州市越秀区
面　　积	70m²
设　　计	谭立予
主要用材	水泥、实木地板、白漆、白玻
竣工时间	2013年1月

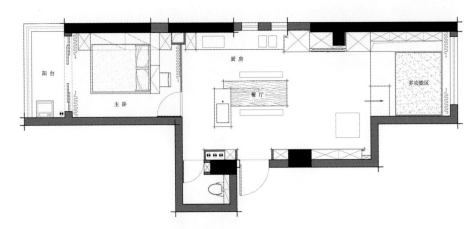

本案为公寓型住宅项目。怎样在面积有限的空间中保证视觉的完整性、空间的充实体量感，同时兼顾使用者的最佳心理感受，还原空间应有的质朴感觉，是设计师首先考虑的问题。

设计将整个空间开敞，增加流动性，不刻意制造人为的空间围合感。摒弃复杂的装饰性造型，以清晰的平面二维形成横向贯穿；以墙面及顶棚材质和色彩上的呼应形成三维的竖向贯穿，保证空间结构的简洁和连贯性。考虑到功能上的实际需要，整面的白色板材在形成立面体块的同时，内部是大面积可供储藏的空间，将收纳隐于无形，让空间表皮只有流畅的线条。房间之间用软性隔断和通透的玻璃材质进行半区隔，增加使用者对空间的主控性，在实际使用中，各空间既可相互贯通，也可相对独立。

视觉上，运用白色喷漆的木饰面和未经修饰的素水泥两者的材质特性，表现出细腻和粗犷质感的对比，让精致与拙朴形成反差。简单的色调使空间自然分离出层次感，结合功能性的点光源与相对柔和的反射光带，人工生成的色调和明暗也能有更舒适的视觉感受。

条凳、素水泥、原木色案台，这些融入空间的元素正合乎于现代人在居住上的一种心理要求。室内空间是一种内向性的围合，设计者以情感为基石，为记忆中已经存在着的元素提供新的表达。

和裸露的顶棚相呼应的是从地面升起的相同材质的水池台面，简单的体块结合原木质地的桌面延展出与功能相对应的实用立面，也是整个空间的功能及视觉中心。

设计中精减掉芜杂的装饰，还原室内空间的本质。有形或无形的留白，为空间增加了喘息与想象的美感。

在配饰方面，传统元素并不是可直接取材的对象，但想象、回忆、情感，会让人联想到生活本身的连续性。空间中点缀的各种材质自然透露出淡然、宁静，这种质朴的意味和现代时尚并不冲突。现实中往往是心为物役，对于本案而言，所有的"设计"都是为了恢复人与外界之间最朴素的接触。END

1　室内小景
2　平面图
3　餐厅，晚餐时能看到夕阳

```
| 1 | 4 |
| 2 3 | 5 |
```

1　餐厅，水泥与木的碰撞形成了餐台与水盆
2　客厅
3　多功能房，平时是书房，朋友来了可做卧室
4　卧室，当空间完全打开，视觉非常通透
5　保留的原墙面

理发小店
LITTLE ONE-ROOM WITH A CURVE

撰　文｜藤井树
摄　影｜Kentaro Kurihara

地　点｜日本名古屋
面　积｜41m²
设　计｜studio velocity
设计团队｜Kentaro Kurihara, Miho Iwatsuki
竣工时间｜2010年

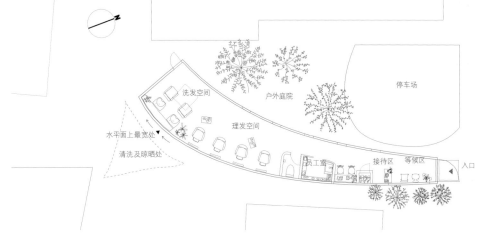

1　建筑入口剖面几乎只是门的大小
2　建筑形状就像是从临街的入口大门连续延伸而出
3　平面图
4-5　建筑外观及户外庭院

理发小店位于日本名古屋,所在场地宽约9m,进深约20m,小店面积为41m²。虽然前门临街,道路宽敞,但人步入其中,仍会感觉压抑,因为场地几乎被周边2~3层的商店及住宅建筑所包围,与其相比,小店的场地和建筑都小很多,设计师非常担心如果采用常规方式,小店会消失于区域中,因此主要考虑如何使它醒目。最终,一个平缓弯曲的弧线建筑,以及建筑之外的一个庭院、一个停放2辆汽车的停车场、一个晾晒处,共同构成了这个理发小店的整体。

建筑弧线的曲度,主要取决于两个要素的平衡:能让人一眼看穿内部整体的连续空间;当人逐步深入时体验到逐渐变化的序列。建筑形状,就像是从临街的入口大门逐步连续延伸而出,入口剖面几乎只是门的大小,通过设计师对弧线曲度的不断调整,最终使人在入口即能看见内部空间的整体情况,但随着步步深入,剖面的垂直高度和水平宽度随之逐步变大,在终端处再次收敛。

除了空间大小,设计师还希望在空间内,通过光线在各种角度的分布,创造一种新环境。首先是入口空间,虽然与门几乎等大,但通过墙面的大开口,使人顿觉开阔,又与外部亲近,而完全不觉内部的狭小;其次是中部的理发空间,通过5个小小侧窗,光线有节奏地流入空间,人们还可通过侧窗望向户外庭院;第三则是终端的洗发空间,此处溢满了从大天窗倾泻而下的自然光线,抬眼即能看见天空。当从入口即能一眼看穿最深处最明亮的曲线空间时,人往往希望步入其中,一探究竟……理发小店不只外形醒目,内部空间也同样吸引人。■

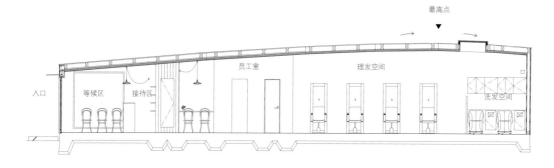

最高点

入口　　等候区　　接待区　　员工室　　理发空间　　洗发空间

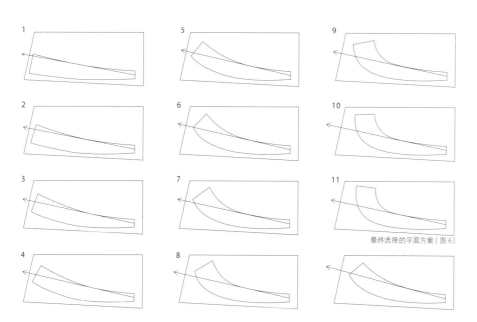

最终选择的平面方案（图6）

| | 4 5 |
| 1 2 3 | 6 |

1　剖面图

2　户外庭院

3　通过对建筑弧线曲度的不断调整，最终选取的方案
　　使人在入口处就能看见内部空间的整体情况

4　等候区

5-6　通过 5 个小侧窗，光线有节奏地流入空间

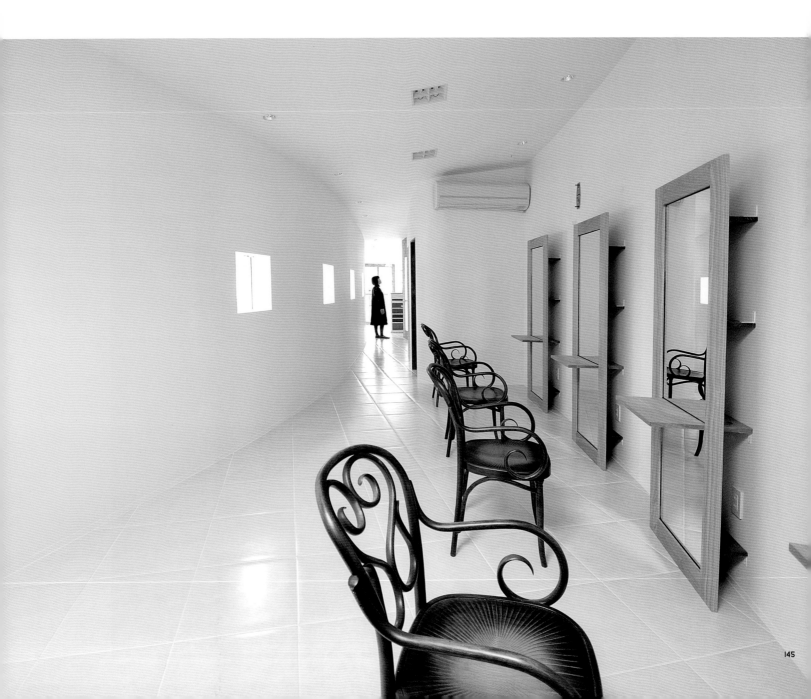

中国金融信息大厦
CHINA FINANCE CORPORATION TOWER

摄　　影	胡文杰
资料提供	上海同济室内设计工程有限公司设计四所

地　　点	上海陆家嘴金融贸易区
建筑面积	69 085m²
设　　计	顾骏
竣工时间	2013年12月

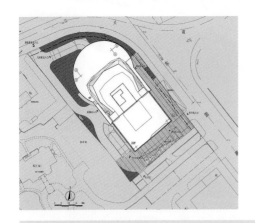

1　外观
2　总平面
3　概念演进

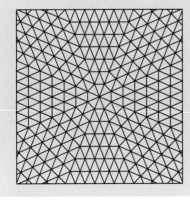

眺望夜晚的浦东，陆家嘴就像一个璀璨的王冠，王冠上又诞生了一颗透着幽蓝色光泽，气质优雅不俗的蓝宝石，这就是中国金融信息大厦。她是新华社在上海进行金融信息研究与发布的场所。夜幕之中，蓝宝石般的大厦散发出独特的沉稳、内敛、优雅的气质。

新华社作为国家通讯社，在报道与发布中国经济信息上具有权威性与准确性，业主选择宝石作为建筑大楼的造型也确实能与新华社的地位、身份、气质、形象不谋而合，相得益彰。

宝石稀有珍贵，性质稳定坚固，色彩绚丽，建筑的外观已经为这栋大楼作出了准确的定位，其室内设计如何进一步诠释与彰显宝石般气质与感受，使这颗宝石从里到外熠熠生辉呢？这问题着实困扰了设计师许久。

室内设计作为一门视觉艺术，色彩无疑是第一要素。选择什么颜色，才能使得大堂给人留下强烈的视觉冲击力？在对宝石色彩的解析过程中，我们有过多种诠释，金色？太奢华；黑色？太沉闷；灰色？太单调——只有红色，才符合新华社的国家身份！

在对宝石材料的解析过程中，我们参考了陆家嘴地区众多高级写字楼，以石材的坚硬，规整与加工后的光泽来暗示宝石的品质是最恰当不过的。

有了颜色、材质、形状的总体基本构思以后，接下来的问题，就是如何将这些构思衍生转化成具体的设计了。

将概念准确运用到大堂的室内设计中去，这并不是一蹴而就的事情。概念的预判往往需要的是感性加理性；方案的落实，需要的则是理性加感性。虽然只是文字先后顺序的调整，但其间的推敲与打磨，却花去设计师将近一年的时间。最后形成的构思是这样的：透过大堂的透明玻璃幕墙，光影与材质将人的视线集中在红色大理石上，以形成最强的视觉冲击力；宝石的晶莹剔透是由它的三角形的切割面折射而形成的，通过对宝石结构的解析，我们将宝石造型的基本元素——三角形，衍生成由三角形连接而成的网格状，从吊顶到幕墙钢结构，从吊顶到墙面到地面弥漫开，形成一张"天罗地网"覆盖整个室内空间——这张网也暗示着信息发布的媒介——网络，在现代生活中的重要作用。为了达到整体的效果，我们

甚至去影响了幕墙设计，顺应我们室内设计的要求，而作出了调整与改变。

整体严谨的大堂空间里，接待台和后大厅是活跃整体空间的两个重要部分。接待台顺应了宝石概念，以切割面加不锈钢不规则折板处理的结合，成为大堂的一个缩影与引线。

大堂顶面采取宝石切割的三角形模数，从平顶衍生到墙面，再通过红色大理石的反射，重叠到大理石中去，形成宝石切割面的无限延伸。

后大厅方与圆相济，封闭与开放，两种不同的空间在此相会，如何将其统一到大堂空间中去？红色大理石依旧是主体，同时我们还选择了搭配浅绿色特殊热熔玻璃、灰色布纹不锈钢来丰富肌理和色彩。特别值得一提的是后大厅内的圆弧楼梯，原建筑设计是一个简单的半弧形直上直下的楼梯，在大厅中显得有些呆板无趣。我们在仔细分析了大厅的尺度后，将其进行了改造——将一侧的楼梯做了半圆形转折，栏板做成一面是厚重石材，一面为轻盈玻璃的不对称设计。这样一来，简单的楼梯变得生动有趣，在后大厅形成一个视觉趣味点，给稳重严谨的大堂增添一丝灵动。

三层是整个大楼的会议层，多功能厅又是我们设计的重点。不规则的三角锥体切面造型，是大楼宝石概念的延伸。墙面红色装饰与大堂红色石材相呼应。水晶灯的质感，给多功能厅带来绚丽的宝石光泽，显得富丽堂皇。不仅如此，三层的会议层处处蕴含着宝石的身影，水晶质感的墙面，宝石拼图的地毯以及定制门把手的闪烁图案，无不洋溢着宝石的气质……设计师把对宝石的理解，解构转化为各种各样的设计语汇，点点滴滴地融汇到整栋大楼的细节中去了。

简单之于设计，意味着纯度，对办公建筑来说，纯度就意味高度。我们的设计以一种可见的方式展开，来追求不可预见的效果；以逻辑的方式开始，来追求感觉的想象与抽象的世界。虽然这个作品来自于一个特别的命题，特别的要素，但希望这是一次抽象的还原，是从一个主体走向解构与抽象的创作探索。设计时寥寥几笔的线条勾勒出来的画面，希望能营造出更多的动感，更丰富的意境。

宝石状外形的中国金融信息大厦的室内设计，是希望每一个来到过这里的人，都能感受到一种宝石般的璀璨气质。█END

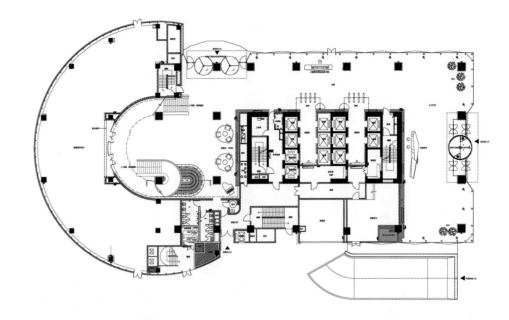

1	3
2	4

1 大堂后大厅
2 大堂后大厅眺望
3 大堂后大厅楼梯
4 三层多功能厅

Nendo，与传统相遇

撰　文｜李威霖
摄　影｜Akihiro Yoshida
资料提供｜Nendo Studio

　　也就是十余年光景，nendo 已经是日本设计界最耀眼星辰中的一颗。刚刚 35 岁，有着"鬼才"之称的佐藤大（Oki Sato）在 2002 年刚从早稻田大学毕业时就创办了这个工作室——"nendo"在日文里意为"黏土"，代表着无限的自由度、灵活性和可能性。到今天，nendo 已经是涉猎建筑、室内、产品、平面等多个领域，客户囊括 Cappellini、CK、LA、Lexus、Kenzo、Kartell 等各大知名厂牌的顶尖设计机构，也正是蕴含创意、灵性和变化的"黏土"精神，使其在设计群星中得以独树一帜。

　　nendo 的空间设计简洁而不失细腻，有禅意

的空灵，细节亦无处不精致；而其工业设计则更富于动感和趣味性，多变的形体，自由的曲线，意料之外却又合宜合理，不经意中流露出的哲思和幽默感总让人忍不住会心一笑。在 nendo 的设计理念中这样写道："我们的生活里充满了小小的'！'的瞬间，只是我们总是心不在焉，视而不见；即使注意到了，也会无意识地遗忘。这些小小的'！'的瞬间，你一旦注意到它们，它们就会使平凡变得特别，使枯燥变得有趣，使通俗变得美妙，使我们的生活显得丰富多彩。所以 nendo 希望收集和再现这些'！'一刻，把它们带回人们的意识里，让我们的生活充满

意趣。"秉持着这样的理念，2013 年，nendo 与日本几家手工匠作百年老号合作，将杯盘碗筷等日常器物，赋予老手艺的打磨和新设计的渲染，让人们在平凡器物中，与传统相遇，与设计相遇，与"！"一刻相遇。

　　nendo 与拥有 260 年历史的有田烧名窑"源右卫门窑"（Gen-emon）合作的陶瓷杯盘系列，保持了源右卫门窑代表性的蓝白色搭配，将其传统的梅花和唐草纹饰加以大胆变化组合，形成了新颖的视觉形象。传统源右卫门窑瓷器是采取先绘制轮廓再添色的工艺，nendo 则采用"墨弹"古法工艺，墨勾描纹样线条，染料绘覆其上，

1	4
	5
2 3	6 7

1　与源右卫门窑合作的唐草绘系列瓷器
2-3　与源右卫门窑合作的梅小纹系列瓷器
4-5　与漆工房合作 "Lid" 系列——花瓶与容器
6-7　与漆工房合作 "lump" 系列——杯盘碗

烧成而墨褪，现瓷肌白地，主纹样现出，达成细腻线条，相对成本也较低。在传承源右卫门窑悠久历史和传统的同时，亦展现出对于创新和变化的追求。

京都的中川木工艺（Nakagawa Mokkougei）是木盆桶制作的老店，然而时移世易，诸如风吕桶和揉面用的木盆这样的老家什已经淡出人们的生活，作坊不得不另辟蹊径，换个角度切入现代生活。nendo 与中川木工艺的合作从古老的柏树木盆中得到灵感，创造出 oke 系列酒杯、酒壶和香槟桶，选用日本当地的桧木与雪松为材料，经匠师精心打磨而成。日本木桶的桶壁通常是竖直的，nendo 为其增加了轻微的曲线，带来柔和的视觉和触觉感受。木器的边沿和杯口处理得温润可人，金色亚光的磨砂铁环嵌套在器身，方便拿握，金属的坚硬也与木头的柔和形成反差。

筷子对东方人而言实在是不能更熟悉，它几乎就是东方饮食文化的代表。我们平常所见对筷子玩的花样，无非是从图案着手，而 nendo 与 "箸藏"（Hashikura Matsukan，位于日本福冈县小浜市，小浜市生产的漆器筷子被认为是日本最硬、最漂亮的筷子，18 世纪就闻名日本）联手对筷子做出了材料、造型、功能等多方面

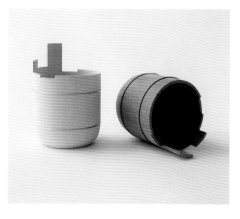

的改变。6款设计筷子每一款都能让人眼前一亮：Hanataba 筷子都有五条立体凹槽，增加设计表现力也不易滑落，其亮点在筷子末端——因为凹槽设计筷子末端形如樱花，涂上不同色彩，插在筷筒中时，看去如一束清新的小花。Jikaoki 筷子的亮点在于特别纤细的前端，平放时完全挨不着桌面，这就避免了人们在用餐时把筷子搁置在桌面上可能会沾染的污物。纯黑色 Sukima 筷子的妙处隐藏在筷子头上，一双筷子码齐后，尾端连接处就会形成红心、方块、黑桃以及梅花四种扑克牌花色，不动声色的小趣味令人开颜；连接处还特别以铝芯嵌入木材内部，看起来质感十足。Kamiai 筷子则是为摆放整齐及方便收纳而设计，筷子形状互相嵌合，内部有磁铁，不用时合拢在一起浑然一体；一把这样的筷子洒在桌子上，它甚至能自己两两对齐。Udukuri 筷子以细腻的工艺和富于天然意趣的图案取胜，它得名于其制作工艺——日本传统抛光技术 Udukuri，用金属刷刷去筷子原本的表面组织，然后上漆，形成复杂而独一无二的纹路。Rassen 筷子的出彩之处在于美妙的螺旋曲线，其主要诉求是如何让一双筷子看上去更像一个整体，nendo 的做法是使其合起来严丝合缝，看去就是一根圆柱，需要时可以旋开，

并呈现出优美的造型。

如果说"china"在西方人眼中意味着中国和瓷器，那么"japan"在西方语境中则代表日本和漆器，漆器之于日本就如同瓷器之于中国。"漆工房"（Urushi Kobo Oshima）始于 1909 年的日本石川县，传承着独门的漆加工技术，他们的漆是公认在木质材料上控制最好的。nendo 在 2013 年与其合作了两个系列："lump"系列的木制漆碗、杯子和盘子，在设计上做了变化，首先把底盘做大，使其可以平稳地放置，强化了功能；其次，自然的木质纹理显露在外，里面是亚光漆，质地形成对比，使得器物的层次感更丰富了，美化了形态。"Lid"系列则是不同大小的花瓶和小容器，将日本传统漆器的盖子部位加以变形，将其扩大到可以覆盖住整个容器，两个部件的关系由此产生了微妙的变化，从而带来的效果，是加强了使用者掀起盖子那一瞬间形成的印象。

设计该如何既与时共进又与在地的传统和文化相融合？这是全世界设计师都关注和思考的问题。佐藤大认为要做到两点：一是灵活地思考，二是尊重文化。当 nendo 与传统相遇，传统之美得以延续，但又在演变——闪现出"！"的惊喜瞬间。■

1 2	6 7
3	8 9
4 5	10

1-2　与中川木工艺合作的 oke 杯与壶
3　与中川木工艺合作的 uneven-oke 桶
4-5　与箸藏合作的 rassen 筷子
6-7　与箸藏合作的 kamiai 筷子
8　与箸藏合作的 hanataba 筷子
9　与箸藏合作的 jikaoki 筷子
10　与箸藏合作的 sukima 筷子

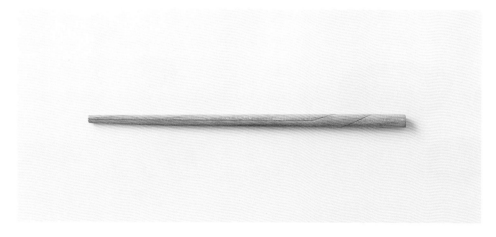

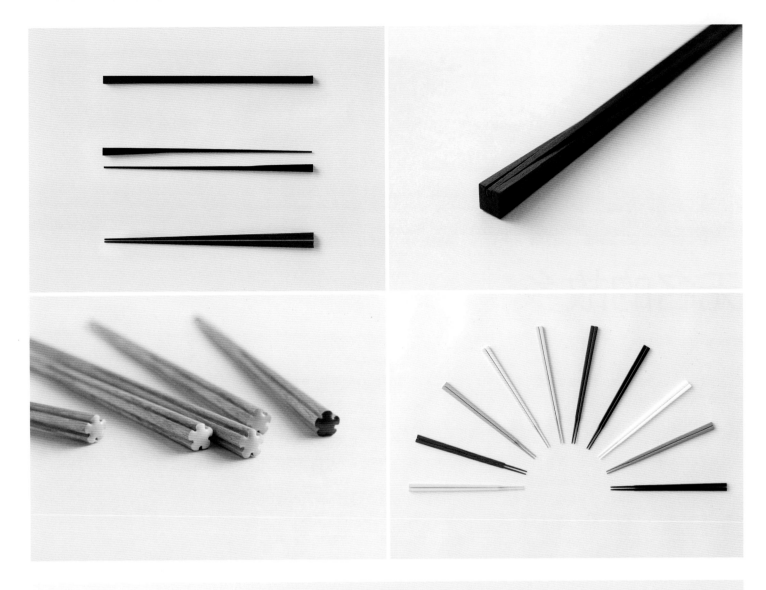

唐克扬

以自己的角度切入建筑设计和研究，
他的"作品"从展览策划、博物馆空
间设计直至建筑史和文学写作。

无名的故乡

撰　文　｜　唐克扬

对我而言，城市首先意味着主观的印象，纵使这种主观的印象有时候意味着以偏概全——在别处我提到过，写城市是很难不以偏概全的，但这种盲目和迷失有时也许不无道理，因为哪怕极端而荒谬，你无法指责一个人对于他所置身城市的感受是完全"错误"的。尽管经年日久的物理"类型"（type）为"典型"的城市经验奠定了公我感兴趣的城市"类型"，不是为了得出一律性的指南，而是试图表现超乎普遍法则之外的复杂性。重要的是，对于我写过的绝大部分城市，我都有着切身而实在的体验。

一个人最直接的城市经验首先来自他的故乡。小的时候，我在一个小商埠里长大，因为近代资本主义商贸兴起而发达的这座城市，在文化方面乏善可陈，"市井"大概是形容我们城市氛围最好的词了，永远臭气熏天的菜市和聚集闲言碎语的水井，构成了"高等文化"之外的城市经验，和我们长大后在书中看到的截然不同。对我长大的大杂院的最深刻回忆，是全院 N 家人吵架的可能性是 N！（每两家人之间会有一次吵架的机会）——很遗憾，我们从未想过要记录这样貌似琐屑而庸常的生活，因为我们假定它无甚可观，不值得哪怕在闲谈中提起，而如今，我童年的大杂院早已拆迁为废墟，隆隆的推土机过后记忆被履为平地，新的城市旋风般地拔地而起，速度之快，力度之大，使我已经找不到丝毫当年旧家的痕迹，"过去"未给我留下任何具体而生动的影像。

如果说，个别而偶然的经验毕竟价值可疑，幸好，这座城市旁边还有一条长江，从而提供了另一种观察无名城市的角度，就好象《约翰·克里斯托夫》篇首描写的莱茵河（顺便说一句，最近常去欧洲看到类似的河流，它们不仅流经通都大邑，也毕竟要经过许多无名的小城，在河边走走，觉得这种古老的市井生活全世界都差不太多，而河流对于解救人在其中无可救药的灵魂的意义也差不多）。

在高中时代，面对着这样的风景，照猫画虎地，我也禁不住写下了一段我今天再难以写出的诗篇：

青山的故垒，归舟；缄默的江滩，默候。
年年的江月，相似；无尽的人生，不同。
消沉的故事，怀旧；奔泻的时光，狂流。

天际的游子，征帆；归家的水鸥，离愁。
前程的风雨，苍苍；无涯的天水，茫茫。
苍白的时光，消磨；归途的落魄，黯没。

老街的企望，阳光；幽巷的传说，沧桑。
平庸的岁月，远逝；夜晚的寄托，苍穹。
小城的暮霭，朦胧；大江的心事，无穷。

茫茫的波涛为城市带来的是"变化"，化腐朽为神奇。在长江边上捡破烂是我辈刁顽儿童常干的事儿，在那里儿时的我捡到过彩色玻璃，奇形怪状的石头，死狗的头骨，还看见过从上游漂过的死人，白花花地胀大着抵达我的眼前，那一刻，我说实在的并不觉得害怕，只是突然一怔，有意识中断的感觉，那是有数生命对客观外在的直观印象，水滨给幼小心灵意外的世界启蒙。很多年后，还想起呜呜的汽笛响起，成群的海员们从栈桥上威风凛凛地走过，滔滔的江水流去，让我向往着无穷的时间和空间。

有一天一个玩伴神秘地告诉我他在江心沙洲上捡到一块玉，并且炫耀地拿出来给我看，藏在一个小火柴盒里，果然像是年代久远的玉，有古朴的花纹，擦出的一角绿油油的，而且蒙满了多年的水垢。那个时候我还不知道"折戟沉沙"这一出，没有想得太远。今天想起来，玉不知道是何时坠入江水中的古物？也许是古吴水军中的战利品，也许是在江湖之中"上下求索"的商贾失坠，或许是太平天国在这一带激战时遗落的，更有可能的，抗战时逃难的某小老百姓不小心淹死在江中了，这块残玉就是从他们的行李中失落的？——最后的那一群人中，可能就有我含辛茹苦的祖父母、外祖父母。

很可惜，可以理解的是，我虽然记得那神秘的一刻，却同样没能留下以资佐证的任何影像。

时间过去得真久，故乡的城市早已变得面目全非。每次回家渡过长江，我还会想到那块玉，想到茫茫的波涛之中消失的秘密……考古学家或许不乏解密的自信和潜力，但有一点却是"人"所不能逾越的，这种天然的局限甚至从我的个体经验里就已经看得很清楚了——历史也许永恒地存在着，但作为个体的"人"对于60年以外的事情通常是没有真正感受力的。"世纪"是西方人的概念，客观知识的循环是以百年为单位的，是生命的上限，而一个人对于世界的记忆在一个甲子的周期内就已经消失殆尽，那好像是循环的终了，60岁以后是赚回来的时间，一切又将重新开始，成为"主观"之外的经验。在我们今天这个一切急剧变化的年代里，这种"磨损"的周期还会大大缩短。也许，正是有限的时间决定了有数的空间。

这也是在我自己的研究中，我如此看重被"再现"了的城市，而不太在乎"即如所是"的城市的原因——在这种思想的驱使下，其实没有什么不精彩的地名，普通的街景中也不缺乏动人的故事。城市，并不只是"设计"的产物。

或许，只有真切地被感受到并转述出的世界才是真实的，一个人的生命将会均匀地分给他用心去体味的地方，生年有长短，经历有多寡，但是在记忆的"质""量"平衡方面，上苍也许是公平的，过多供给的将会流失，而匮乏的同时也会带来独特而难以磨灭的印记。自从从事有关建筑与城市的研究以来，我不乏旅行的经历，却偏偏只对有数的几座城市留下了深刻的印象。对于我经历过的城市，肯定还有更多是我想写的，比如墨西哥城，比如不止一次去过的意大利城市，但是它们也许太过有名了，或是在特殊的际遇里并未和我有特别的心契，使它们时刻在我的心中跃动，却不能带来那些无名城市般的亲切印象。在

我算不上多么有雄心的研究计划中，我的直觉已经不期然地为心中的城市埋下了伏笔。

一方面，一个人笔下的城市已经体现了他的经历，就好像民国文人很多偏对"故都"富有感情。我对成长生活之地的兴趣，对中国古典城市普通"源头"油然的好奇，好像远远超过那些如雷贯耳的名字；另一方面，我又非常想将这些经历与具有普遍意义的人性联系在一起，从中找出某些具有共同价值的东西。我需要的是某种特殊性中的寻常，某种无名之笔记录了的"严重的时刻"（里尔克），比如一座并不能算是特别"文物"的城市重建之中透露的历史与现实的变奏，反倒能透视出我们这个时代的拟古癖中失落的东西。又比如，我常常感到，我们需要更好地理解景观对于古代城市的意义，它们看起来和"城市"语义并无直接牵连，却造就了青山脚下的洛阳，水上浮生若梦如诗的威尼斯……就是对于那些耳熟能详的城市，比如北京，我也总希望找到新的理解它的角度，它也许不是如我们想象的那般"中国"的……

为此，我的城市名单上或许删除了大量旅游者喜闻乐见的"常识"，但将代之以隐约可见的新的关联，比如古老城市的不同当代命运，比如缤纷多姿的中国文化中的"望"，比如不同文明观念而有的生人－死人，或"黑"与"白"的城市暧昧的分野。

由于经历所限，我所能写作的城市个例终究是有限的，但这些城市都居于不变的普遍的人类经验，它们使得我们对城市的感受趋于深沉隽永；与此同时，时代、地理、人情、乃至历史的偶然……就像浩淼的大江终往东去，但它在平原，深谷，丘陵地带……席卷而过的时候，绝不循着一条直线，而是将演化出万千变幻的气象。

我们的故乡并非因为声名而被记住，在游子返回时，它给人的感受也未见得只有亲切二字。但无论如何，下一次，当我带着照相机回到故乡时，我必须为它找到一张哪怕终将褪色的相片。

上海当代摩天楼十作

李雨桐，女，狮子座，建筑师，留学英国。

关注上海，关注上海的建筑设计以及上海的建筑师。

希望从流行的学术和媒体观点之外发现被隐藏的创新性观点和视角。

黎夏，SaMooN

毕业于东南大学建筑系，在大型国企设计院做过建筑师，现在在Wutopia Lab作为 Cre-Architect和Cre-Artist身份专注研究上海和建筑实践。

上海当代摩天楼十作

撰　　文 | 李雨桐、黎夏

上海，被遗忘的摩天楼之都。

旧时代的摩天楼之都是纽约和芝加哥，未来的摩天楼之都是迪拜。上海——现在的摩天楼之都则被忽视，本土和国际的学术界都忽视了上海。

上海摩天楼的发展历史可分为两个阶段：1930年代和1980年代改革开放后。国际饭店（84m，邬达克设计）是上海 Art Deco 摩天楼的典范。

早些时候的沙逊大厦（77m，现在的和平饭店），建筑师屈从沙逊的意志，按照曼哈顿摩天楼的样板上直接安了个19m高墨绿金字塔铜顶。在上海，标准的外国建筑风格从来不是主流。无论上海本地人还是在上海的外国人都乐于在所谓的风格底板上自由发挥。

所以外滩中国银行（76.4m）的出现就自然而然了。它是中国第一栋大屋顶摩天楼。在曼哈顿的摩天楼样式上加了个攒尖顶。立面出现了花窗的样式。摩天楼的本土化改造终于显露痕迹。60年后矗立在陆家嘴的金茂大厦尽管在摩天楼和传统建筑样式的转译上显得更高级，形象更优雅，但塑造摩天楼的基本概念未脱于此。

当代十作

1980年代以后，上海迎来第二个摩天楼发展的黄金时代。十作并不是评选最佳摩天楼，而是根据风格类型和摩天楼的本土意义或者世界意义选择摩天楼代表。

1. 金茂大厦（420.5m,88层，美国 SOM 事务所设计，1994设计，1998年建成）

金茂大厦拯救了濒临倒闭的 SOM 公司，它是一座现代玻璃幕墙包裹下的1930年代曼哈顿摩天楼。设计师所言"古典的回忆，只是一瞬间的感觉"。在上海，它被赋予了"塔"的中国意义。它是世界摩天楼历史上所谓具有古典主义精神的摩天楼的最后一个经典形象。

金茂的优雅形象也是上海摩天楼的一个分水岭。它之后，上海的摩天楼乃至世界的摩天楼从"静止"经过"变形"来到"扭曲"。由静而动，摩天楼从古典主义来到当代。

完全中心对称的平面设计，明天广场（285m）也是不错的一个。

2. 环球金融中心（492m,101层，美国 KPF 事务所设计，1996年设计，1998年停工，2003年复工，2008年建成）

如果在1997年开工后顺利落成，它将是变截面摩天楼类型在世界上的先声典范。可惜，在它停工的阶段中，建筑建造和设计的科技大踏步向前的进步，让它在2008年竣工时，变成只能是众多变截面摩天楼中的一个作品。上海人们对它的关注更多在于它的象征意义，原方案顶部是圆洞，由于是日本开发商的物业，被附会成日本太阳旗高高照耀陆家嘴，之后发展商迫于压力改为方洞，结果还是逃不脱公众舆论的嘲讽，它被称为"启瓶器"。

环球的复工到 2013 年的 10 年，摩天楼因为计算机辅助设计技术的突飞猛进，一下子到了造型主义的时代。引领这个潮流的是新的摩天楼之都迪拜。上海的摩天楼即便做了几下动作，比之大胆直接的迪拜，还是显得那么含蓄和害羞，带着东方人的羞涩。于是，全世界的目光都从上海移到了打了鸡血的迪拜，那个原本的不毛之地。

环球金融中心内置世界最高的观景台。

3. 上海中心大厦（632m,118 层，美国 Gensler 事务所，2007 年设计，2013 年结构封顶）

上海中心，中国在建的第一高楼。2010 年以后，当大家在高谈阔论参数化设计的时候，始建于 2008 年的上海中心已经将参数化运用到了这个超高层的设计和施工中了。可惜上海中心太高太大，建设难度太大，建设周期长，在它落成之前，各处已纷纷涌现各种参数化建成作品，这些喧闹的设计掩盖了中国第一栋参数化和 BIM 技术应用的摩天楼和大厦的光辉。在中国，它被誉为上海"龙"；在美国，它是垂直城市的典范。它是世界上最高的呼吸式玻璃幕墙摩天楼。不过其中最成功的是 Gensler 事务所，获得上海中心设计权之前，Gensler 没有做过 200m 以上的超高层。

4. 久事大厦（168m，44 层，英国 Norman Forster 设计，1998 年设计，2001 年建成）

很少有建筑师记得诺曼·福斯特在上海的第一个作品，是中国最早的双层玻璃幕墙，它也是呼吸幕墙的前代产品，更是中国最早的设有 3 个空中庭院的超高层，就幕墙和空中庭园这两点上，上海中心的呼吸式玻璃幕墙和空中庭园尽管更炫技性，但不过是久事大厦模式的更高级的升级产品。

5. 上海商城（164.8m，48 层，波特曼事务所设计，1990 年建成）

迄今，上海还没有出现类似上海商城类型的摩天楼簇群。波特曼设计的上海商城是孤例。它的首层是高大的架空空间，向内容纳了所有功能体的交通流线和出入口。波特曼典型的室内共享空间被高举在这个室外共享空间之上。再上则是一个私密的空中花园。围绕着共享空间在垂直面和水平面上展开的是精品店、超市、银行、餐饮、酒吧、办公、剧院、会议、公寓和旅店。它真正继承了胡德的簇群摩天楼和波特曼自己的共享空间理论的微型垂直城市。

它比例精当，涂料立面，朴素优雅而不简陋。它表达了一种对本地建筑文化的尊重。首层的红色立柱，入口的拱门以及二楼商业走廊的曲折回绕和栏杆，都透露出一个外国人好莱坞式的中国建筑诠释。此外，波特曼将中国园林中湖石花坛的做法毫无改变地引入庭院空间。类似的手法在静安希尔顿室内可见。就工艺和选材而言，现在已经很难找到这样的做工。中国园林的优秀做法就以这样片段式的方式镶嵌在垂直城市之中，无违和感但已经被本地的景观设计师遗忘。

6. 上海海光大厦（又名：华东电网调度中心大楼，32 层，华东建筑设计研究院设计，1988 年建成）

华东电力调度大楼是一座真正意义的本土化原创的摩天楼。这种不为世界潮流所动的设计姿态在当下已经很罕见了。没有过多的在立意和概念上的废话，华东电力调度大楼解决了和周边建筑的关系，解决了功能的问题，它的形体变化清晰，形象明确地矗立在南京路上，棕色面砖的外皮是向南京路另外一头的国际饭

| 1 | 2 | 3 |
| 4 | | |

1　浦江双辉大厦
2　上海世贸国际广场
3　龙之梦大酒店
4　平安金融大厦

店的致敬。即便现在看上去，也比一大堆矫情的所谓时髦摩天楼来的淡定和从容。

7. 浦江双辉大厦（208m，49 层，Arq 设计，2010 年建成）

陆家嘴首座双子楼。一般双子楼都是完全相同的两栋楼成组出现。双辉大厦则是两个塔楼对称共同组成一个大门的造型。它既是双子塔，又有了凯旋门式大楼的意向。

8. 上海世贸国际广场（333.3m，60 层，德国 Ingenhoven Overdiek und Partner 事务所设计，1996 年设计，2007 年建成）

世贸国际，广场主塔楼为巨型外框架加核心筒结构，巨型钢桁架当年在设计方案展示的时候轰动一时。但这个项目一样在 1998 年的金融风暴中停工，直到世茂集团接盘。2007 年建成的时候，摩天楼的面貌已经丰富多彩了，它平静地矗立在九江路，无功无过。

9. 龙之梦大酒店（218.00m，53 层，美国 ARQ 设计，2005 年建成）

ARQ 在中国的成功远远大于他们在美国的业绩。ARQ 在美国几乎没有什么摩天楼的经验。上海给了他们机会。他们处理摩天楼的手法简单直接，粗暴直接地对形体进行切削，形成极具标识性的 ARQ 摩天楼手法。更为有趣的是，他们的摩天楼作品大多集中在上海。他们在美

国本土几乎没有机会去实践 ARQ 摩天楼。除了上海，用类似手法处理摩天楼形象的模仿之作也罕见。是上海成就了 ARQ。

同样是对形体进行切削，ARQ 的成品，十作认为不如西萨·佩里设计的陆家嘴的上海国际金融中心（260m）美观。但 ARQ 是上海的 ARQ 了。

10. 平安金融大厦（203m，38 层，日建公司设计，2011 年建成）

平安金融大厦充分诠释了什么叫中华欧陆风。这点其实是有渊源的，从沙逊开始，中国人或者上海人其实并不在意真正的复制和模仿。他们非常乐意在一个设计底本上充满激情地加上自己的偏好和理解。所以密集阵列在立面上的爱奥尼克柱，再加上顶部罗马风的穹隆顶，不和法式，甚至无法定义风格，但有力地表达了一种本土化姿态。有趣的是，这个姿态由一家日本设计公司完成。十作认为虹桥的靴子楼—LV 大楼（＜200m）也属此类型。

上海摩天楼的意义

上海本不是一个适合建造摩天楼的城市，却在最差的地基上矗立了中国最多的摩天楼。拨开一大堆模仿和流行的摩天楼。上海摩天楼自有其特点。上海曾经是个巨大的过滤器，无论怎样的建筑样式，都被其过滤并自行增益。

这种过滤器的文化心态建立在上海文化的自豪感上，这类经过上海文化自豪感过滤的摩天楼便和它们的原型有了差异。其实，这种差异化被加以有意识的学术研究和类型化，上海的摩天楼日后自然会呈现一种地域性摩天楼的姿态。可惜，这种差异化在日益快速的摩天楼换装游戏中被遗忘。

我们丧失了一种用中国人的办法解决中国问题的机会。 **END**

范文兵

建筑学教师，建筑师，城市设计师

我对专业思考秉持如下观点：我自己在（专业）世界中感受到的"真实问题"，比（专业）学理潮流中的"新潮问题"更重要。也就是说，学理层面的自圆其说，假如在现实中无法触碰某个"真实问题"的话，那个潮流，在我的评价系统中就不太重要。当然，我可能会拿它做纯粹的智力体操，但的确很难有内在冲动去思考它。所以，专业思考和我的人生是密不可分的，专业存在的目的，是帮助我的人生体验到更多，思考专业，常常就是在思考人生。

美国场景记录：对话记录 III

撰　文 | 范文兵

偶然遇见"城市"

天太热（32℃），我的一贯策略是，宅在家里。直到傍晚，决定出门透个气。坐2路巴士十多站，来到了靠近市中心（Downtown）高街（High Street）的 Short North 段。

高街非常长，据说是一条横贯美国的重要交通干道。其中靠近 OSU 校园南边的一段，沿街是以学生消费为主的餐馆、酒吧，类似中国大学附近的街道，看上去各种菜式都有，但本质上都是符合学生消费水平的"伪、廉风格，快餐式重口味"。北边一段直接插进市中心，两旁站满摩天办公楼，零星散布快餐点及美式咖啡店。中间一段比较特别，大概有200m长路段的区域，叫 Short North，紧挨市中心，但被一条高架高速路分隔开。

一眼看上去，Short North 与哥伦布大部分松散的、郊区式、田园式风貌非常不同，比较像一座"城市街道"，界面连续，功能复杂，尺度紧凑，人气充足。这里商店一个接着一个，主要是餐馆、画廊、艺术品店、家具店、服装店，还有一些看上去很有历史的老房子，以及一些漂亮的街头小花园。

餐馆内部，透过窗户看进去，蛮像在欧洲看到的西餐馆模样，只是不知味道是否欧式。很多店铺在外面摆放了室外座椅，或把原本就有的室外空间利用起来。整条街道人声鼎沸，好像中国夜市一般，让在美国大农村已习惯了冷清的我乍一看，还真是不习惯，而且发现，竟然在一个冰激淋店门前，顾客排起了长队。

在这样的街道上，就会有步行的人群，也就会产生街道生活。我会很自然地偶尔和行人致个意，聊上两句，也会有些老人家、或是一家子，坐在路边吃冰激淋，看行人以及被行人看。

只不过，Short North 实在是太短了，还没走两下就断掉了。而且很薄，我沿着垂直支路稍微纵深走进去，就到了第二条平行于高街的道路，或是独立 House 区，或者停车场了。

逛着逛着，就过了9点，然后就没公车了。吸取昨天电话叫出租居然等了一个小时的教训，决定步行走回学校。

一路还算顺利，不过有很多街道界面被停车场、加油站、进入式快餐店前的停车广场打断，或者商店打烊的路段，黑乎乎、空落落的，还是蛮紧张的。上周得知，某中国同学一大早9点在这条路上被劫。我是一路快走，见到黑人就绕道，疾走了将近50分钟才回到学校。

古董店

庭院正对街面的老房子

结合住宅区入口的街头小花园

人声鼎沸，但又让人时时担心会断掉的、不连续街道

奥巴马夫妇在 OSU 篮球馆

第二次看奥巴马演讲

下午，由 OSU 学生社团在校园主草坪（Oval）组织了一场奥巴马的竞选演讲。今天距最后投票日还差不到 30 天，也是俄亥俄（OHIO）投票登记日的最后一天。

我第一次现场看奥巴马竞选讲演是在 5 月份，在 OSU 的篮球队主馆。那个场面非常专业，各种仪仗队、啦啦队、灯光、音响、宣传片、视频直播……一应俱全，第一夫人也来了，整个节奏紧凑有序，组织得像一部好莱坞大片。那一场来的人非常多，挤满了四分之三篮球馆。

这次场面看上去小一些。校园中一切正常运作，只是将主草坪靠北的一半区域封闭，周边交通受到些影响。

整个区域划分为 VIP 座位区、群众站立区两部分。VIP 区临时搭建了 2 座面对面的舞台（一座给演讲者，一座给媒体），舞台之间是座位区。搭建了两个台阶式座位，分别位于两个不同区域，一座给选举群众坐，一座位于讲演者舞台的背后，给最坚定的学生志愿者坐（类似演唱会最近距离的歌迷区）。整个区域外边缘，还设置了临时厕所、高架音响设施，好几个临时房子……一切都布置得井然有序。

从中午开始（我室友说有人上午 11 点就过去了），人们陆续从四面八方、校内校外赶过

来，沿着媒体、贵宾、群众三个入口分别进入。群众入口最快，一字排开，有很多关卡同时进行安检。

我 2 点左右从校园南侧走向草坪北部群众入口的过程中，明显感到，此刻，校园中的黑人比例已大大增加。

3 点钟，演讲会开始，此时，据说聚集了约 15 000 人到场。

先是有女生领唱国歌，一位牧师带众人祈祷，然后是一个学生代表、两个参议员做演讲，再然后是一个乐队演出。今天阳光明媚，空气清新，风有些凉，随着音乐轻轻摇摆，很是惬意。

5 点 10 分左右，奥巴马终于出来。他的整个演讲持续了大概 20 分钟，总的来说中规中矩。与我看的第一次演讲相比，加了很多直接攻击罗姆尼的内容。此时的演讲已完全变成了一个"秀"，他就像一个摇滚明星那样，通过排比、疑问、节奏、语速、音调……，将观众的情绪完完全全带着走。人们或是随他一起振臂高喊，或是同声示意，或是拿着选举牌子拼命晃动，情绪非常 high。

整个过程印象比较深的有四点，两点与选举有关，两点无关。

与选举有关的两点：

一、尊重异见

在入口处，有一些反对奥巴马的人拿着血淋淋堕胎大幅图画，高喊反对之声。而支持奥的群众和工作人员，都是心平气和地从旁边经过，没有争吵，只有尊重。这一幕深深打动到我，只有这样将不同意见公开呈现出来，老百姓才有机会一点点锻炼自己的辨别力和决断力。

二、局内人投入的天真

在演讲过程中，我特别被美国普通民众那种"局内人投入的天真劲头"感染到。比如，当奥巴马说，你们每个人都是可以改变美国的，改变俄亥俄的。我旁边的听众多数会一起点头，非常认真地大声说，对，我们能够改变，甚至有个人在喊：改变世界。

而这种天真，在我们这里早已消失得无影无踪，不到 20 岁的年轻人都已习惯了以旁观者身份发出如下感慨："有什么办法呢？体制搞不动呀，甲方只能听他们了，就这样吧！我们也

是受害者呀！……"

与选举无关的两点：

一、服饰差异

美国各个阶层黑人妇女的穿着和化妆，真是颇具创意，同时又风情万种。比如，有老年妇女看似随意地把竞选的圆形白色标牌，别在发髻之上，像佩戴花朵一般，和大大的垂肩耳环相映成趣。一些上层妇女，其衣饰、背包显然比较贵，气质也看得出很是游刃有余于大场面，但她们和白人贵妇不同，总会有别出心裁的穿法和饰品搭配，贵贱饰品放在一起都无所谓，整体效果最重要。而中、下层黑人妇女，更是玩各种服饰、颜色、饰品的拼贴、冲撞游戏，她们不像亚洲（中国）妇女，由于潮流来自好几个出处且缺乏主导控制，拼贴会导致杂乱，而是有种主体非常清晰、浑然天成的自由感觉。

白人妇女相对来说比较乏味，都是往现成套路里跳：贵妇、普通妇女、年轻专业工作女、女学生……都像是从服装名录里拷贝下来一样。

亚裔妇女及学生，尤其是中国的，一如既往地乱七八糟。

印度妇女今天多是传统服饰出场。

二、垃圾排行

演讲结束后，满草坪都是被群众扔下的竞选团队送给大家喝的蓝色塑料水瓶，在绿草地的黄昏夕阳中，闪着幽幽蓝光。所以说，我绝对相信，那个全世界最不受欢迎的游客排行榜是真实可靠的：第一，美国人；第二，中国人。

回到宿舍，我和美国室友兴致勃勃地聊起下午见闻。

他很惊讶，问我怎么会对美国政治感兴趣，虽然他很喜欢奥巴马，但并不准备去投票。他说如果他到日本或中国，肯定不会对这两个国家的政治有兴趣。

我跟他说了我在入口处的感受。室友问我，这样民主的事情在中国你常见吗？我说，只有一次，在我迄今为止的人生中，只见过一次！

他点点头，说，明白了。

退伍军人节（Veterans Day）

周日（11 月 11 日）是美国退伍军人节，为国家法定假日。

群众站立区

会场外反对堕胎的示威者

满草坪的塑料水瓶

旗帜

早几天就收到 OSU 校方通知,说周四(8日)会有纪念活动,包括两个内容:一个是纪念超过 900 名在战争中为国捐躯校友的仪式;一个是举行一个跑步仪式,纪念战争中阵亡、俘虏、失踪的将士。

周四下午,气温很低,只有 4~5℃样子,天时阴时晴。校园里很多人都穿上了毛衣,甚至有羽绒服裹身的。

我站在校园中心主草坪(Oval)上,望着 6 名年轻的士兵,短裤短袖,举着两面旗帜,一面红、白、蓝国旗,一面黑白 Pow-MIA 旗(POW-prisoners of war 意指战俘,MIA-missing in action 意指行动中失踪人员,上书 "You Are Not Forgotten" "你不会被忘记"),围着草坪,一圈一圈地跑着。

两面旗帜被寒风吹得大幅翻卷着,常常纠缠在一起,队伍在行进过程中,时不时会有一个人大吼一嗓:"veterans!"(我愿意翻译成 "老兵不死!")。

校园一切如常。人们匆匆走过草坪,沉浸在各自的日常生活中。没人特别留意这个跑步场景,只有我,一名中国军人的后代,静静地站在寒风中,看了很久很久。

年轻的士兵们,一圈圈仿佛没有止境地,汗透衣衫地跑着。他们看上去和环境似乎有些不合,有些孤单,但神情专注,无比认真,完全不在乎是否有人注意,只是执着地一路跑、一路跑、一路跑……

这个绕行校园广场跑步的仪式,从早上 6 点开始,一直持续到晚上 6 点。

回到家后,不由生出些感慨。

在我印象中,我们若纪念战争,大概只有两个主题:或是胜利者凯旋归来,或是牺牲者宁死不屈。战俘、失踪者,是需要避讳、羞耻之事。看过一些资料,很多当年的朝鲜战俘,回国后经历无数磨难。这其中,当然有时代政治因素,但也有相当部分,是我们这个民族内心深处的历史文化观念所致(有朋友说,整个东亚都是这种观念)。我理解下来,这种观念其实就在说,战争有正义和非正义之分,在这个背景下,向非正义一方投降做战俘,就是怕死行为,是不耻的、不道德的。而将牺牲者、战俘(无论是否自愿)、失踪者(无论什么原因)一视同仁,其背后的观念,则隐含一种 "人道主义" 倾向,即将战争本身视为是罪恶的,所有在其中受到伤害的人,其实都是牺牲品,因此,当美国政府对外不断开战时,民众中出现的反对声音主要不是纠缠在战争是否正义,而是反战!

另外,我还发现,在美国十个全国法定节假日中,除了和我们类似的传统、政治性等与事件相关的假日外,一半假日与退伍军人节一样,都是用来纪念 "(个)人" 的,纪念有具体名字、清晰定义的活生生的人。比如马丁·路德金纪念日(Birthday of Martin Luther King, Jr., Martin Luther King, Jr. Day)、总统节(President's Day,纪念华盛顿)、阵亡将士纪念日(Memorial Day)、哥伦布日(Columbus Day)。这种对每一个鲜活个体尊重的观念,通过法定行为,通过每一个独立团体,持续不断的、无需宏大但非常认真虔诚的纪念活动,潜移默化,代代相传。美国大小城市纪念碑纪念捐躯子弟时,都会细到名讳生辰,个别甚至会写出社区住址,以求每一个英名都不至泯没。而我们的怀念,还常常停留在一个模糊的 "不完全统计" 的集体性概念上,个体常常是不存在的。■ END

一直奔跑的年轻人

关西
镜像

撰　文｜土豆
摄　影｜Tommy Lian

　　有人说，没体验过关西古都风情，就算不上到过真正的日本。作为关西的重镇，京都、大阪都各有千秋，都是在日本有举足轻重地位的古都。此次，我们以大阪为中心，选择了一些特别的路线，在千年未变的绿荫和古风中，体验关西独特的风景。

通常，关西之行的起点和终点都在大阪。大阪是整个关西日本的政治、经济、文化、交通中心，关西地区最大的国际机场——关西国际空港也在大阪。从梅田大阪站出发，可以很方便地到达周边的京都、神户、奈良等城市，因此将大阪作为关西之行的起点和终点不仅是合理的，而且是必须的。

虽然大阪是自由行的旅行者们中转的门户城市，不过，大阪并不只是个过客，这个时尚而多元的城市虽没有东京那么多元化，却也异常丰盛。大阪有着日本其他城市罕见的热闹与斑斓。站在大阪的道顿堀、心斋桥等商业区街道上，各式各样的声音与流光溢彩的霓虹灯犹如浪涛一般袭来，这里仿佛一个 24 小时不眠不休的"无夜之城"。那些本令人厌恶的广告牌在这里，反而演变成为城市不可或缺的风景线。

在绵延数十里四通八达的道顿堀、心斋桥商业区，商铺鳞次栉比，行人摩肩接踵，几乎每个店家都有自家的招牌和广告，可是步行其间，却看不到一个重样的。也许是抓着一大块寿司的巨大模型手，也许是吹胡子瞪眼的古代官人，或者是胖胖的浮在半空中的河豚鱼、蹬着大眼睛的狸猫……每一家店门前的招牌和广

告绝不雷同，而独特的主角与造型也暗示了店内的特色商品。

其中，格里高人像是出镜率最高的，这个由红蓝色霓虹灯组成的奔跑在跑道上的运动员形象，是世界上最大规模的霓虹灯广告牌，几乎占据了一幢建筑的正面外墙，从 20 世纪 20 年代起就成为了格力高糖果的象征，成为游人们争相留影的地方。桥的另一头则是蟹道乐餐厅（Kani Doraku），门前同样别具特色的巨蟹标志，是一个挥舞着蟹爪的机械装置。蟹道乐以中产阶级能够负担得起的价格供应各种美味的螃蟹菜肴，不过这里的大部分蟹肉都是冷冻的，而不是新鲜的。

都说大阪是丰盛而多元的。日本虽然禁止赌博，但赛马、赛艇、赛自行车、赛摩托车等赌博活动都可以作为公营事业来举办，去"住之江赛艇场"试试手气则又是个意外的收获。这座赛艇场在日本很有名，始建于 1952 年，当时这里举办了日本首次摩托艇竞赛。赛艇场的主体建筑十分高大，与赛马场有点类似，整座建筑中央是比赛水域，看台分为露天的与室内的，比赛区域旁还有一块大屏幕。在室内看台中，一整面墙都是玻璃，靠玻璃的则是一排

桌子，每人一台电脑，可以零距离看到赛艇选手的动作。

赛艇的规则其实与赛马有些类似，不过是马变成了赛艇，更具有娱乐性与竞技性。每一场比赛都有 6 条摩托艇参赛，编号从 1 至 6 号。比赛线图为椭圆形，600 米一周，摩托艇要在规定时间内绕三圈，按照到达时间决定胜负。但赛艇比赛收到距离、风向和波浪等的影响，比赛因为不确定性而变得更加扣人心弦。赛艇场的入场门票价格为 100 日元，不过位子是在露天看台，要进入楼上的室内看台的门票则需 2000 日元，而"贵宾室"的年费高达 10 万日元。除了到现场投注外，人们也可以通过电话、网络投注。

京都

直到今天，日本人都认为这里才是"真正的日本"。这座城市作为日本的首都将近1200年，历史古迹和文化遗产之丰富令人惊叹，也是外国人最钟爱的日本城市之一。满眼矮矮的房子、狭窄错落的小巷，这里依然是川端康成笔下的那个京都。你会被这里的古旧所震惊，这里有日本人悉心保存下来的时间之水。那种旧不是那孤零零的几幢百年老宅等着人去悼念、也不是旅行纪念品于外乡人的猎奇情调，而是活生生的古都人的生活方式。

如果只能在京都逗留一天，那么徒步线路最好的选择就是游览京都地区最著名的寺庙和街区，必选的线路就是以京都的主要景区的中心为起点的徒步游路线。比如清水寺周边线路、岚山嵯峨野周边线路等等。如果时间宽裕，完全可以进行一身的和服打扮后，坐上京都地区的人力车，来一次完全导览。

京都寺院、神社多如牛毛，随处可见庭院与寺庙，曼殊院、桂离宫、修学院、银阁寺、本能寺、龙安寺、南禅寺……京都这样的庭院寺院有足足1800多座，不用专门找的，一不留意在下个路口的拐角，就随处能碰见。不过，四条河原町边的八坂神社却是必看的。红白相间的八坂神社有500多年的历史，供奉的神祇保佑着祇园一带的商户生意兴隆，当地人对它敬畏得很。京都延留了千年供奉天地神灵的传统，每年7月，京都最著名的三大节日"祇园祭"盛大游行队伍就是从这里出发的。

站在四条河源町的路口，放眼望去，都是低檐的方正平房、毛笔手写体的提灯、藏青的京染门帘、原木切刨出的墙板、格子窗、门前的栅栏和干净的路边，组成了一个仿似电影里的布景。这里的传统建筑都有着几百年的历史，经过改造的房子却并不那么光鲜亮堂，每家的招牌也都有斑驳的痕迹。在那些有点昏暗的店堂里，你可以找到川端康成在《古都》中描写到的世袭的手工和服店。而那些木器和陶艺店里，与我们司空见惯的吆喝粗制旅行纪念品的买卖人不同，这里大多是前店后工场的格局。据说，京都一代的自营业的老铺很多，出名的包括京染布、清水瓷、和纸等，这些大多都是家庭作坊型。有些年轻人学业有成后，并没有留在大公司里工作，而是回来继承祖业，令这些传统的工艺带上年轻人的目光，商业上也会按照市场规则来做。

从河源町出来，不多远就是鸭川，这里是京都的生命之水。入夏，靠河岸的料理店都搭起了京都特有的"凉棚"，称为"川床料理"。夏夜，坐在被京都人称为"情人河"的鸭川畔，清风徐来，月色撩人，每种食物都被精心摆放在或雅致或艳冶或朴实的餐具中，赏心悦目。

不过，如果想看不同的寺庙、神龛和殿堂，那么一定要去岚山，这是日本传统的田园小镇。进入岚山，苍松、红叶及山间隐约可见的寺庙飞檐让人心生朝圣之感。154m的渡月桥架设在保津川上，成为岚山的象征。整个岚山地区都以渡月桥为中心，桥的名字来源于龟山上皇的一句"似满月过桥般"。岚山脚下的商业街十分著名，礼品店比比皆是，如果要买手信，可以在这里买。

兵库

　　作为 80 后，大多数人都会记得日本的那部漫画《棒球英豪》，那份被泪水打湿的青春、执着无由的梦想、纯净清澈的友情、青涩懵懂的爱情……这些都宛如淡淡的粉彩，在这部漫画细细勾勒。棒球与爱情是这部漫画的灵魂，而甲子园棒球场则是主人公们一直奋斗的目标。

　　其实，将手轻轻放在那球场外爬山虎的缝隙中，去真实的甲子园感受那份球场的沸腾一直是我的梦想。

　　诗人谷川俊太郎这么说起甲子园："那不只是一个棒球场的名字，世界上还有别的如此抒情广博的体育场吗？"棒球一直是日本的国球，少年棒球代表了青春、热血和梦想，而甲子园球场也成为了这些元素的最大象征。日本高中每年都会进行棒球联赛，先是在各个地区进行比赛，最后决出 32 支球队在甲子园进行总决赛，最终到甲子园的队伍才有机会争夺冠军。因此

所有高中棒球队都以能进甲子园为最高目标，哪怕在甲子园战败也是一种荣耀，输球队的少年队员总会为全场留下最感人的场面，他们每人拿出事先准备好的布袋子，然后一边流泪一边把甲子园的土装好，带回去作为终生的纪念。

　　甲子园棒球场位于兵库县，离神户和大阪都不远。此次恰逢日本高中棒球联赛全国决赛期间，这次看的是 1/4 决赛。虽然只是全国高中棒球赛，但日本人对于甲子园赛事的疯狂并不亚于职业棒球联赛，可以容纳 5 万人的看台人头攒动，整齐而专业的拉拉队激情四射。

　　球场的外围是甲子园历史馆和纪念品商店。进入历史馆，展览内容一半是高中棒球，一半在职业棒球界赫赫有名的阪神队历史。虽然，我对日本的棒球历史并不了解，但展陈中的那些欢呼雀跃的老照片和那些曾经用过的棒球，令人仿佛已经知晓了每一个曾经浸满泪水的时

刻。后悔或者无憾，其实已经没有那么重要。历史馆的中间有一条狭长的走廊，两旁的墙壁上印满了与甲子园相关的各种漫画，其中当然少不了安达充这个名字。哪怕那只是一个平面，却仿佛达也就正在身后的那方圆弧中，将小南一步步带上最高的天空。

　　兵库县的有马温泉也非常有名，是日本最古老的温泉之一，沿着有马小镇的步道往上走，即可抵达"天神泉源"，这里是有马温泉的源头，关于有马温泉的辉煌历史就是从这些升腾的白烟中展开的。

　　据说最早在 8 世纪，由佛教僧人建造的疗养设施，温泉中有含海水 2 倍盐分的盐泉，还有可作苏打水的碳酸泉。丰臣秀吉时代是有马温泉最灿烂的年代。丰臣秀吉在有马修建了专用浴场，浴场的遗址就是现在的"太阁之汤殿馆"，馆内利用多媒体再现了丰臣秀吉当年泡汤的场景。■

评论莫衷

撰　文　｜　雷加倍
对谈时间　｜　2014年3月18日

雷《旁观者》杂志正在做的一期有个栏目叫"设计新青年"，选了个典型是陈飞波，内容有个环节叫"他的印象"，编辑嘱我写两句。我评论如下：与飞波认识很久但不熟，别人话少我也话少，倒可以安静地看他的设计，"有美感"大概是设计师最容易与最难的，而陈属于天生有感的，从平面认识他，从多维认知他，记得有次他与我讲"你们公司怎么可以做那么多项目？"因他少语实在倒让我稍觉得有哪里不妥，所以回答"你是有工匠之心的人，就慢慢按自己的节奏吧。"因所受教育、遭遇环境、性格都有差异，但我还是真心喜爱陈之设计，有种实在的虚无，如同铝锭遭遇枯木，如他不自然的笑容后的坦诚，或许还有些飘忽的执着，此类人不多。

倍 我不认识陈飞波，但是我觉得特点传达得好，"如同铝锭遭遇枯木"，很有意思，充满设计语言的评论。怎么评论设计作品？

雷 那就摘一段前段时间在微信里发的：入住广州文华东方，空间、尺度、手法都如季先生般老道，细节处理入微，特别是一层木门之材料质感，拿捏有度、舒服，如鸡蛋中找些骨骼，整个空间的故事总在时断时续中延展，有沉重的背负，有时间的恍惚，而东西的尺度大如希腊神庙细如明式家具，细想一下，有些违背了传统的美学，设计的精妙？或用通俗的话说"没有刚刚好，总觉或大或小或近或远"，难道这就是我们与"世界"的距离吗？有句话"误读接近真实"可以，"误导接近真理"吗？或许有些微妙，只有季知道……

倍 雷的评论好像自己的设计，抽象、感性、性感，会做设计的人写的评论，可能不会做设计的人看不懂。

雷 把你多年前在《id+c》上的那些篇翻出来……

倍 那时候我做设计的火候还没到，我也纳闷怎么写出来的。

雷 所以可以顾左右而言他，也因为单纯……

倍 你说不是设计师的人能不能评论？

雷 是内心无私者可得。

倍 内心无私，哈哈，好像国外搞评论的都不动手，所以可见不是设计师的人可以做设计评论者，而且做设计久了，就不想说了，也不想说自己了，都在图里了。或曰，以前喜欢长篇大论引经据典事无巨细的，现在没欲望了。就像唱歌画画，动手和动口的都不是同一拨人。你这样的评论style，是非常特殊的，不在吃评论

饭的体系中。

雷 因为目前需要客观的设计评论，不涉及吹捧与人身攻击。

倍 这么说来还是古风卓著。中国古代社会可没有评论和实践的分家，艺术评论和建筑师的职业化都是来自西方体系。

当我看很多专业杂志上的评论文章，我就想：哇，真是多写字多稿费啊。艺术评论充满太多的过度释义，往往隔山打牛，费了半天的劲儿，让观者云山雾罩，也很难给设计者以真正的启发。

雷 我前些天引朱新建之评历代中国画有力有理有节。

倍 朱是评论家？

雷 朱是当代最伟大的情色画家，王朔的亲家。

倍 我也一直困惑，设计评论对设计的帮助有多大。

雷 我们不用说了，找来这篇《朱新建：老祖宗给我们留下了什么？》看看，建筑师设计师都可对照。

倍 你自我对照下啊。

雷 我能张大千都瞑目了。

倍 本身是齐白石的料，70岁以后还想当汤显祖。

雷 大家可以对号入座。

倍 我觉得真的，评论的确需要建立一个坐标系，这也是评论的一个价值。朱的文章就是这样。但是，这一点被许多人伪学术化了，太过于强调体系和框架，把活生生的不断变化的东西搞得很僵硬。比如说评论你这么摆了个花瓶，先要界定"摆放"的范畴，以及花瓶的内容和意义，古今中外谈一下，然后指出位置形式的内涵，这种评论主导了大多数意见，实际上它是没有意见的，它不敢有意见，它也没有能力表达意见。

雷 评论失去可读性只能放在图书馆积灰尘，所以半遮面欲走还羞最好。

倍 评论起码需要眼高，手低无所谓。

雷 所以你可以影射下古今建筑圈。

今天出差与公司小伙子用文字交待方案让他一头雾水，我写：春天阳光刺眼，躲在暗处考虑方案的表述，或来自柯氏昌迪加尔的粗野，置放荒芜，放进去不合适的任何家具都是风景，移置室内，工人们正在清洗兽类的皮革，正面华丽但质感却如被贩卖到了中东，发现反面可用，而铜本身如藏身地下多年前争夺血钻的弹壳，带着腥味，来自土或血液，玻璃质感是华

朱新建作品

丽的亮色如酒瓶的底或琥珀类的汁液，而那些椅子或是值钱的火车、汽车、飞机上拆下的旧物，明显可见坐垫是后装的，而灯不知打向何处？或是因为墙上鼓起的肌肉，或是如经大气层磨损掉入住宅楼顶的异物，白日梦应可说清意图，再试试？

倍 这段文字我在车上读到，觉得你可以写小说了，就是马尔克斯《百年孤独》那种魔幻现实主义小说的场景感。觉得雷从天才发展成了某种情怀，或者说从电影到诗。

雷 或可做完后用此文字印证感受。

倍 设计说明和设计评论的区别是一个是自己说，一个是别人说。但有些设计师是不需要评论的，说明就够了，比如勒·柯布西耶，雷姆·库哈斯。接下来雷也不用了，呵呵。

雷 最近在培养对设计的复爱。

倍 咋培养？我也快寻不见。

雷 以文字的方式代替画笔或之后用画笔代替文字。

倍 这个好，如果还有人买单。

雷 对，打一份工赚三份钱，呵呵。

倍 可惜国内没有权威的设计评论家，或曰精神独立的设计评论家。只有大师和专家，还有编辑和记者。

雷 我觉只需有观点的文章而无需人，所以可以角色扮演。

倍 评论一下中国设计师？

雷 中国的设计师只分两类，有美感的和无美感的，而有美感的又分为有趣的和无趣的。

倍 趣味可以变化，但感觉很难发展。

雷 中国的设计只分两类，抄出心得的和抄也抄不像的，抄出心得的又分装与不装的。所以我力争做个不装的抄出心得的有趣之人。

以人为本的办公环境设计

撰　文　｜　藤井树
资料提供　｜　KOKUYO 国誉家具

国誉（KOKUYO）历史可追溯至百年前，最早是为当时日本的会计记账时使用的账本制作封面，即便是看似简单的商品，国誉也潜心研究，努力制造出精良产品回报社会。这种从创始人那里秉承的精神，虽历经百年却依然深深扎根在国誉集团。国誉现任设计部部长吉原成典，自1990年3月从工业设计专业毕业以后，经过二十多年对办公环境的研究及设计，结合国誉的传统，形成了对办公环境设计的一系列理念，对此，我们对他进行了采访，希对读者有所启发。

ID =《室内设计师》　　**吉** = 吉原成典

ID 您怎么看待办公环境设计？其重点是什么？

吉 在我读大学时，我老师跟我说过纯美术跟设计的区别：纯美术是 for me，艺术家都较个性化，以自己为主；设计师是 for you，要非常注重客户的需求，我首先注重的是通过聆听、交流及调查，了解客户是怎样的人群及其真正诉求，比如有些客户资金较有限，有些客户则喜欢尝试新鲜事物，调查后得出结论怎样让不同的客户满意，才能着手设计。相较具体设计一个漂亮的办公室，前期的调查工作及功能设计反而更花时间，其次才是形式或视觉设计。

办公环境其实是为三类人服务，且三类人的诉求各不一样：第一类是在其中工作的人，要求办公环境使用非常便利舒适；第二类是公司经营者，要求办公环境能展示公司实力和品牌形象；第三类是运营者，要求办公环境可经常变化，以便于运营，比如有时公司方针有变化或有人员增加，可能办公桌椅就需相应变动……不能等到变化时，才进行相应的变动设计，而是要在变动前，就需考虑到可能的、并让客户预算最优化的变动方案。办公环境设计的重点就在于平衡满足这三类人的诉求，以及考虑在其中的人，包括工作人员和客户，如何更好地合作。

ID 对于满足公司经营者的需求，能否以您的一些案例，做具体解释？

吉 比如某代为客户投资的外资投资公司，希望给来访客户带来诚信可靠的印象，我当时就比较注重吊顶设计，因当时所做吊顶所需资金非常大，就给该公司的客户留下其资本雄厚的印象，从而转变为信赖感以至愿意投资。还有美国某制药公司的日本分公司办公室，特意设计成日本风格，是为了让出差来日本的外国人感受到日本文化。另外某家公司专门售卖日本从来没有的东西，我作为设计师就不得不把这一特点作为主要表现方式。还有约60层楼的整体室内设计，其中涉及很多部门，当时是通过与这些不同部门的相关工作人员分别进行充分交流，听取他们的意见，得到各个部门未来一两年的整体发展计划后，才进行相关工作的前后优先顺序的安排及设计，不仅是单纯设计，也将公司的运营方针和未来计划融入考虑。

ID 国誉是一家历史比较悠久的企业，您如何看待传统和创新之间的关系？

吉 我们创立者的一个经营训条——"常与变"，"常"就是刚所说的"for you"，针对并满足客户需求，这是不变的；"变"，就是根据时代潮流，比如随着时代变化，人的交流方式会发生变化，我就会相应在设计风格、提案风格等方面与时俱进。其实对我来讲，设计的形色等其实都不是关键，关键还是在于，以"人与人之间如何交流"为基础来进行设计。

事件

Ambiente 2014
2014 年法兰克福春季消费品展览会

撰　文	小子
摄　影	小子等
资料提供	Messe Frankfurt Exhibition GmbH

　　2014 年法兰克福春季消费品展览会（Ambiente 2014）于 2014 年 2 月 7 号～11 号在德国法兰克福展览馆隆重举办。来自 161 个国家的 144 000 名参观者、89 个国家的 4 724 名参展商参与了这次盛会。

　　展会规模巨大，分厨房用品、礼品、家具用品三大类，共 11 个馆展示，参展商纷纷带来了他们的最新产品。展会重要部位设置了众多精彩的主题展：Trends、Solution、Design Plus、Talents、Japan Creative 等。展会期间还举办了多种精彩的活动。

　　整个展会始终在传递着这样的信息：设计不是凭空产生的，设计不仅仅在于形式，更多是在于细节上的改良。有时候功能的一点点改进、材料的一些些变化都会带来新形式的产生。生活方式的变化、生活理念的改变也会带来新产品的产生。有时，创造性的结果是令人吃惊的情感的重新诠释；有时，是功能和设计风格方面杰出的处理。

　　精致生活从小处开始。德国 Philippi 公司设计的挂钩既可以挂衣服，也可以收纳钥匙、放置手机，多功能的设计满足了现代人快节奏的生活需求。该公司的钥匙链也是功能和设计完美结合的范例，用于手机或者平板电脑的触摸笔巧妙地挂在钥匙圈上，方便使用。WMF 公司与 Disney 合作的 Nemo 系列儿童餐具设计遵循人体工程学原理，适合儿童的小手掌使用，轻便的叉子、圆形的刀子也不像大人们的刀叉那么锋利。同时 WMF Nemo 儿童系列餐具设计可爱，充满美好想象情节。

　　对于材料再生的重视、对传统材料的进一步研发引发了一系列新材料的诞生，也因此出现了很多新的产品。对传统材料的重新组合运用也带来了全新的感受。

　　色彩与材料出其不意的组合运用总能带来强烈的视觉效果。siegerSTILLS 公司的产品将黑、

©Philippi

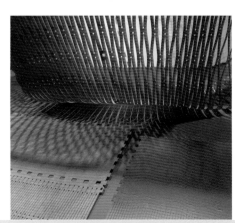

©siegerSTILLS

©Rosen&that

©Normann Copenhagen

白、金三色运用到了极致，不同图案的餐具可任意组合，变化出不同的效果。Norrmann 公司的研磨器采用了橡木和大理石，使经典的造型焕发了别具一格的新貌。Philippi 公司的烛台和碗具因材质的变化，色彩上也很特别。

随着对健康生活的追求，西方人对喝茶的热情也与日俱增，与茶有关的各种创新产品在展会上也非常多，比如 Norrmann 公司由硅胶和不锈钢组成的茶滤器，既时尚美观又实用现代，使办公室喝茶变得如此简单。Rosen&that 公司的 Cha 系列由意大利设计师设计，极简造型、自然材料的对比，充满了美感和礼仪感。

今天人们更关注水健康，WMF 公司的 Akva 滤水器不仅能过滤水中的水垢以及杂质，还能添加人体所需的矿物质，比如镁离子，使水喝起来有一种芳香，提升食物和饮料的口感及味道。

今年的产品中有很多是针对旅行和野餐用的储存和运输用品，可见随着社会的发展，流动中的需求引发了新产品的诞生。WMF 公司 Various 瓷器系列中每一个盘子和碗都造型精美，虽各不相同，却能够完美地组合在一起。

中国参展商的数量较前几年有很大的增长，但大部分产品还停留在出口加工的阶段，距离世界一流的产品设计还有遥远的距离。

©WMF

©Philippi

趋势展（Trends）

趋势展指出：无论风云如何多变，有一点是肯定的，下一季依旧是宁静、闲散的主旋律。针对巨大支出的缩减，年轻设计师开始尝试提出新的标准。聪明的创意和对材料的反传统利用带来了意想不到的解决方案。将新的设计注入传统手工艺中、强烈的色彩以及令人吃惊的多功能组合、材料的混搭，这些手法的运用营造了明亮轻松的氛围。

整个趋势展分四个主题：Stunning temper; Subtle spirit; Serene nature; Striking mind，策展人选取符合主题的不同设计产品进行组合搭配，在现场营造了趋势展要展现的四个趋势。

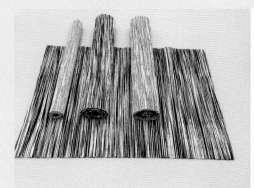
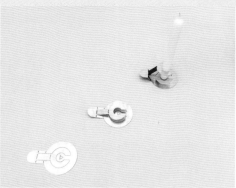
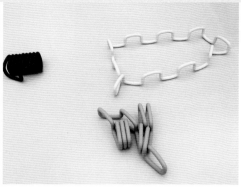

Design plus 设计竞赛

29 个国家的公司参加了这个竞赛，最后入选的 30 个产品来自 10 个国家 24 个不同的公司。"挑战观念，优化功能，创造价值"是 2014 design plus 的评奖标准。获奖者很好地体现了当今行业杰出的设计质量。不仅年轻的新锐设计师，老牌的制造厂家也反映了正确的、高度现代的语境。这些投产不到 2 年的新产品在功能、设计和可持续方面都做出了很大努力。由哥本哈根诺曼 (Normann Copenhagen) 公司 Ding 3000 设计团队设计的胡桃夹子是对传统器物的重新诠释，由矽树脂制造的胡桃夹子具有时尚的外表，并且解决了传统胡挑夹子容易夹手引起疼痛的隐患，鲜明的轮廓使它很容易在抽屉里被找到。

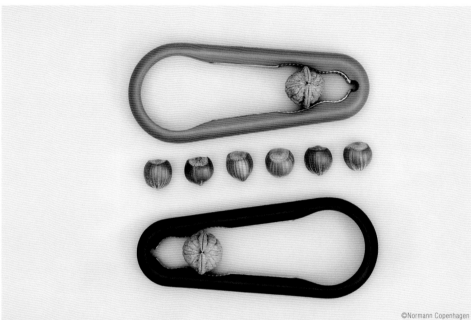

©Normann Copenhagen

©Messe Frankfurt Exhibition GmbH / Jean-Luc Valentin

日本创造（**Japan Creative**）

　　日本作为 2014 年 Ambiente 的合作国，在现场演示了本国传统的手工艺技术以及年轻一代对传统手工艺技术的传承，展示了众多有着时代气息同时又具日本传统风格的现代设计。日本设计协会的展位上既展示了高科技材料制作的产品，也展示了日本传统的精致器皿、点心和茶具。Ceramic 公司设计的茶具和花器简朴宁静，传达了日本长久以来的审美意识和文化价值观。年轻一代的设计师用传统的纸开发的折叠容器也在展会上吸引了不少围观者。

©Ceramic Japan Co.,Ltd

唯宝公司（**Willeroy&Boch**）

　　具有悠久历史的德国唯宝公司在今年推出了一系列新产品。Anmut 系列以时尚的色彩、现代的花卉为图案，这一系列是对 1950 年代产品的一个发展，它虽然多彩、华丽，充满活力，但依然保持着固有的优雅。色彩与图案的混搭为个性化的选择提供了多种可能性。系列的花卉餐具可以与单色系列随意组合，创造与众不同的新感觉。Coloured cutlery 系列将色彩运用到咖啡手柄上，极简主义的不锈钢咖啡勺设计和彩色硅手柄的组合——令人吃惊的材料混合使用的革新，彩色硅给使用者带来了温暖和舒服的感觉，给咖啡时光带来了全新的感受。

　　2014 年唯宝推出了两款与马有关的礼品，强烈红色和高贵的金色传递着东方文化和生活方式。

　　唯宝的城市系列咖啡具今年推出四个城市主题：开普敦、阿姆斯特丹、莫斯科、上海，独特的图案和色彩勾勒了对这四个城市的印象。（照片 ©Willeroy&Boch）

品家家品（JIA Inc）

创建于 2007 年的来自台湾的品家家品以华
人文化为基点，联合世界的设计力量，这几年
发展快速。此次展会他们推出了以"家之所归，
心之所属"为主题的多项新品。

《碗筷系列》为 2014 年品家家品之新作。
品家家品希望以现代美学重新诠释东方食器文
化，让三餐手中握着的碗筷不仅仅是盛着的容
器，更成为艺术家创作的表征，故与四位来自
不同文化背景及领域的设计师合作：日本建筑
大师黑川雅之（Masayuki Kurokawa）、中国最活跃
的建筑师伉俪 Neri & Hu、韩国新锐设计师宋承
容（Seung Yong Song），以及美国的设计师 Edward
Kilduff，根据其各国国情及自身对"家"的记忆，
创作出独特的碗筷作品。（照片 ©JIA Inc）**END**

Looking Glass 映

设计师：Edward Kilduff

材质：玻璃、不锈钢、亚克力、硅胶

Huan 镮

设计师：Neri & Hu

材质：玻璃、黄铜、硅胶、不锈钢

Fudo 蕴

设计师：黑川雅之（Masayuki Kurokawa）

材质：骨瓷、黑檀木、不锈钢

Kkini 悝

设计师：宋承容（Seung Yong Song）

材质：中温瓷、竹、黄铜

"纷雪 – 品茗组"

以米通瓷（亦称玲珑瓷）制成。制作时，于
泥坯上细心刻出米粒状镂孔，填入玲珑釉料，
再入窑焙烧而成。"纷雪 – 品茗组"的线条简洁
纯粹，呈现细腻手感，其设计沿袭古代米通工艺，
成八瓣叶状，于灯光照耀下，光透过八瓣叶呈
现冰莹剔透，

设计师：Laura Straßer

材质：陶瓷

"弦纹 – 珐琅壶"

茶组传统与现代交会，呈现古典美学，较
特别的是，不同于茶组以陶瓷制成，"弦纹 – 珐
琅壶"以融合西方特有材质"珐琅"及东方"竹
皮曲木"异材质，于壶身呈现"弦纹"线条的
一贯设计，展现东方文化的特殊韵味。

设计师：器研所

材质：珐琅钢板、竹皮曲木、不锈钢环、硅胶片、
不锈钢螺丝

香度 CHANDO 新店入驻上海月星环球港

2014 年 2 月 13 日，代表"香度 CHANDO"全新形象，位于上海月星环球港的"香度 CHANDO"上海概念店盛大揭幕。整个发布活动生动而别出心裁，不但空间布置得宜，还有"散香瓷雕模制造的工序演示"，都让人身临其境，无形中显示传统与当代相互融合的强大力量。

"香度 CHANDO"上海环球港概念店，以一种全新方式，演绎了当代精致香氛生活承载文化的品牌精神。从品牌展厅到品牌形象，从产品设计到网站建设，一切就如"香度 CHANDO"所谈的散香瓷各种精致造型设计，囊括了"香度 CHANDO"品牌未来的无限可能。其上海环球港概念店的展示空间独具特色，设计概念是打造一座生机盎然的秘密花园，木质地砖的设计延伸至四方空间，俨然大地滋养绽放花朵的环境，同时与一件件带有自然香气的香度散香瓷作品互为增色。墙面铺设代表老上海租界风格的白墙砖，为理性直线的空间加深了历史文化的内涵，刚柔并济互为呼应。展厅内另一侧地面铺设宛如原野自然大地的青绿草坪，其现代、简约、质朴的表现手法，深入浅出地诠释了悠然天地间的自然意境和氛围。

三宅一生落户上海

著名服装品牌 ISSEY MIYAKE（三宅一生）正式登陆中国以来，继首家精品店新光天地店成功开幕后，第二家精品店落户于上海梅龙镇广场。梅龙镇广场精品店依然由日本著名空间设计师吉冈德仁先生设计，承袭了 ISSEY MIYAKE（三宅一生）日本精品店固有通透感的简洁风格。此次 ISSEY MIYAKE（三宅一生）进军上海，显示了品牌对中国市场的坚定信心。

ISSEY MIYAKE（三宅一生）一直作为时装开拓品牌，在服装设计的道路上大胆实践和创新，重新定义了人体与服装的本质关系，开辟了一条全新的服装设计道路。1989 年，ISSEY MIYAKE（三宅一生）推出"褶皱"系列原作和以此为基础衍生的"ISSEY MIYAKE PLEATS PLEASE"系列；1997 年，依据"A-POC（一块布）"的创意与制作工艺进一步与藤原大合作推出"一块布的内在"系列，同其他系列一样，三宅一生集团随即推出了同名副线品牌。2012 年春夏系列推出之后，Yoshiyuki Miyamae（宫前义之）和他的设计师团队开始掌舵 ISSEY MIYAKE（三宅一生）女装系列。他们用新鲜的视角和全新的创作理念，结合日本的传统风格和尖端技术，继续 ISSEY MIYAKE（三宅一生）的时装开拓之旅。

飞利浦 hue 开启家居照明全新时代

2014 年 3 月 7 日，飞利浦在上海新天地举办了一场别开生面的发布活动，宣布其风靡全球的个人无线智能照明系统——飞利浦 hue 正式进入中国市场；消费者可以首先从苹果公司在中国的各个 Apple Store 零售店和在线商店进行选购。

飞利浦 hue 从外观上看起来和普通灯泡一样，直接拧到家里现有灯座上即可使用。不同的是它可以通过桥接器联接到家里的无线网络，让人们通过手机或平板电脑即可对家里灯光随心所欲进行设置和操控，从而用动感丰富的灯光效果轻松创造出符合自己和家人风格的家居照明环境。hue 彻底颠覆了人们对照明的传统认知，在提供优质的 LED 照明基础之上，让灯光在更多方面为人们的生活创造便利——通过手机定位功能，hue 可以在我们回家或外出时，自动地开灯、关灯或改变灯光颜色。通过设置定时提醒功能，hue 可让我们每天的生活更有规律：比如早上通过让屋里的灯光逐渐变亮，以一种自然的方式唤醒人们起床；而晚上灯光会提醒我们入睡。通过联接互联网，hue 还可实现更多智能应用，包括显示天气状况、比赛结果、股票信息、电子邮件等。为不断丰富 hue 的功能，飞利浦启动了专用软件开发者计划，向开发者们开放 API 接口和软件开发工具包 SDK，并推出专门的网络平台邀请开发者加入新的应用方案；而用户也可通过该平台分享其个性化的灯光配方。

产品当道、创新为王
——2014 上海尚品家居展前瞻

第三届上海国际尚品家居及室内装饰展览会（LuxeHome）将于 2014 年 6 月 5 日 ~7 日在上海新国际博览中心再次隆重举行，这是国内唯一成功集合家居装饰渠道与高端商务礼品渠道的专业贸易展会。作为国内传统买家渠道与新兴电子商务渠道双轨并进的家居礼品装饰专业展会，2014 年 LuxeHome 预计将迎来逾 500 家参展商，为专业观众及社会公众集中展示旗下优质品牌和最新产品技术，将是餐厨采购商不可错过的行业盛事。

2014 第三届中国环境艺术青年设计师作品展

2014 第三届中国环境艺术青年设计师作品展是全国环境艺术设计领域重要的学术交流活动，由中国建筑学会建筑师分会主办，吉林艺术学院设计学院承办，中国建筑工业出版社《室内设计师》杂志、中国《装饰》杂志社协办。展览以鼓励和促进全国环境艺术设计机构与全国高校环境艺术设计专业的创作研究与交流为目的，主要面向 2013 年 ~2014 年间中国（含港、澳、台地区）环境艺术设计专业机构、高校所作环境艺术设计方案或期间竣工的室内、室外设计作品，设置建筑创意设计、景观规划设计、室内空间设计、展示空间设计、手绘与模型表现、环境导视设计、公共艺术设计、居仕艺术等奖项。凡在中国（含港、澳、台地区）从事环境艺术设计相关的设计师、教师、学生均可参加此次竞赛，详情登陆官方网站 www.symysx.com。2014 年 7 月 15 日为最后截稿时段。

"建筑 & 美术"西安国际美术城系列论坛

2014 年 1 月 10 日，由陕西省美术家协会、陕西西咸新区空港新城管委会、陕西西咸新区空港新城美术城发展有限公司、陕西大美术文化产业集团有限公司、美国 BDI 柏创国际携手 Archina 建筑中国传媒有限公司、上海建盟文化传播有限公司共同打造的"建筑 & 美术"西安国际美术城系列论坛在西安举办。

论坛邀请到马里奥·博塔、张永和等 12 位著名建筑师，以及范迪安、邵大箴、王西京、程征等 10 位美术界大师。与会嘉宾还包括陕西省相关领导、空港新城管委会、省文联、省美协等领导，及 200 多位陕西省画家、省内文化产业等专业人士、专家学者。

主题演讲环节，陕西西咸新区空港新城美术城发展有限公司设计总监徐伟介绍了西安国际美术城项目；著名建筑师马里奥·博塔则结合自己的博物馆设计经验作精彩演讲。圆桌讨论环节，由上海同济大学建筑系副主任章明教授，西安中国画院副院长、陕西大美术文化产业集团有限公司董事长杨霜林任主持人，12 位著名建筑师与 10 位美术界大师以"建筑 & 美术"为主题，围绕"时间、空间、艺术、技术"四个维度来进行了讨论。

现场，艺术家基于各自的美术馆项目经验，提出博物馆设计中，建筑师要尊重美术，需要考虑到艺术品的表现力，而不仅是建筑本身的外形和风格。建筑师也表达了博物馆设计需考虑进入博物馆前后从参观者变为艺术品的主角变换，以及建筑、景观、城市文化的共融等。

触感空间 家具

TOUCH FEELING

tel: 0571 85861409   www.touchfeeling.net

免费注册会员 即刻体验

www.landscapemedia.cn

资讯 案例 活动 人才

商城 新媒体 广告 联络

景观传媒.cn
landscapemedia.cn

1989-2014

开幕式

CIID 25年

同心、携手、共进！

CIID

China Institute of
Interior Design

中国建筑学会室内设计分会

中国建筑市场排行榜
建筑设计榜 2013-2014

十年积累　行业指南

中国建筑市场排行榜

建筑设计榜2013-2014

调查问卷发放中⋯⋯

请登录www.dilists.com下载问卷

关注排行榜

微博：di建筑行业排行榜　http://weibo.com/dilists

网站：www.dilists.com

参加排行榜

电话：021-64400372 - 8302

地址：上海市徐汇区中山西路1800号4楼F1座

　　　《di设计新潮》杂志社

购买《中国建筑市场排行榜》

线上购买：http://didesigntb.taobao.com

联系电话：021- 64400372 - 8201

B&Z
北京八番竹照明设计有限公司
BEIJING BAMBOO LIGHTING DESIGN LTD
www.bld-bj.com